河合塾
SERIES

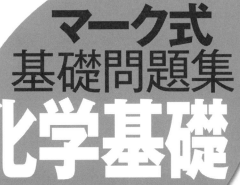

マーク式
基礎問題集
化学基礎

三訂版

河合塾講師
忽那一也・
中村和之
…[共著]

JN083357

河合出版

は　じ　め　に

　この問題集は，大学入学共通テストおよびマーク式の私大入試など
を対象にしたものである。

　大学入学共通テストの問題は，基礎的な知識と理解力をもち，それ
に基づく思考力を養っておけば，解けるようになっている。

　この問題集では，基礎的な知識と理解力が身につくように問題を精
選し，さらに解答・解説が詳細に記述されている。したがって，問題
を解き，解答・解説を熟読することにより，その分野の基本事項がす
べて学習できるようになっている。

　化学基礎は，ほとんどが理論化学の分野になっている。理論化学に
苦手意識をもつ受験生が多いが，公式と化学用語の意味を理解したう
えで，基本的な問題をじっくり解くことにより，基礎的な知識と理解
が完全なものになる。

　なお，本シリーズで基礎的な知識と理解力を習得したのち，河合出
版の「共通テスト総合問題集」で思考力・実戦力を養えば，大学入学
共通テストに対する備えは万全である。

著者　記す

目　　次

第1章

物質の成分と状態

（7題）

問題1 純物質と混合物，同素体

問1　混合物どうしの組合せのもの $\boxed{1}$，および，単体どうしの組合せのもの $\boxed{2}$ を，次の①〜⑤のうちからそれぞれ一つずつ選べ。

　　① 二酸化炭素，オゾン　　　　② 赤リン，ダイヤモンド
　　③ 塩化ナトリウム，酢酸　　　④ 塩酸，アンモニア水
　　⑤ 水，石油

問2　互いに**同素体の関係にないもの**を，次の①〜⑤のうちから一つ選べ。$\boxed{3}$

　　① フラーレンとダイヤモンド　② 赤リンと黄リン
　　③ 斜方硫黄と単斜硫黄　　　　④ 酸素とオゾン
　　⑤ 黒鉛と亜鉛

問3　次の(1)〜(5)の分離操作を行うときに用いる**装置**および**操作の名称**を，次頁のそれぞれの解答群①〜⑤のうちから一つずつ選べ。

	装置	操作の名称
(1)　海水から純水を得る。	$\boxed{4}$	$\boxed{5}$
(2)　砂の混ざったヨウ素から純粋なヨウ素を得る。	$\boxed{6}$	$\boxed{7}$
(3)　少量の塩化ナトリウムが混じった硝酸カリウムの結晶から，純粋な硝酸カリウムを得る。	$\boxed{8}$	$\boxed{9}$
(4)　水に分散している植物油を，エーテルに溶かして分け取る。	$\boxed{10}$	$\boxed{11}$
(5)　サインペンのインクから色素を分離する。	$\boxed{12}$	$\boxed{13}$

装置

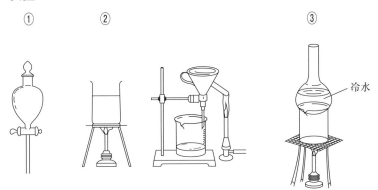

① ② ③

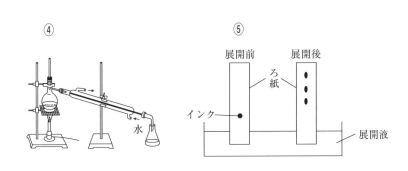

④ ⑤

操作の名称

① 抽出 ② 蒸留 ③ 再結晶 ④ 昇華

⑤ クロマトグラフィー

問題 2　元素と単体，成分元素の検出

問1　下線を付した語が，元素ではなく単体を指しているものを，次の①～⑤のうちから一つ選べ。　14

①　水は酸素と水素からできている。

②　空気の主成分は，窒素と酸素である。

③　カルシウムを摂取するためには，牛乳や小魚を食べるとよい。

④　炭素の放射性同位体である${}^{14}_{6}C$は，年代測定などに利用されている。

⑤　ヘリウムの原子量は4.0である。

問2　貝殻に希塩酸を加えると，貝殻は溶解して気体を発生し，発生した気体を石灰水に通じると白濁した。次に，貝殻を溶かした後の希塩酸を白金線の先につけてガスバーナーの外炎の中に入れると，炎の色は橙赤色になった。このことから，貝殻の成分元素として最も適当な組合せを，次の①～⑥のうちから一つ選べ。　15

①　炭素，酸素，カルシウム　　②　炭素，酸素，ナトリウム

③　水素，炭素，カルシウム　　④　水素，炭素，ナトリウム

⑤　水素，酸素，カルシウム　　⑥　水素，酸素，ナトリウム

問題 3　物質の三態変化

問1　物質の状態に関する記述として，下線部に**誤りを含むもの**を，次の①〜⑤のうちから一つ選べ。　16

① 分子性の物質の沸点は，液体分子間にはたらく引力の強さが大きいほど高くなる。

② 温度を上げると気体分子の拡散が速くなるのは，気体分子の熱運動が激しくなるためである。

③ 物質の温度を下げていくと，−273℃で完全に分子の熱運動が停止すると考えられている。この値が温度の下限値であり，絶対零度と呼ばれている。

④ ビーカーに水を入れて大気中に放置しておくと，蒸発により水の量は次第に減少する。これは，蒸発した水分子が空気中に拡散していくためである。

⑤ −20℃の冷凍庫に氷をしばらく放置しておくと，氷が小さくなっていた。これは，氷が冷凍庫内で融解したためである。

問2　次の図は，－10℃の氷 1 mol を一定の圧力のもとで加熱して
いったとき，加えた熱量と温度の関係を示したものである。気体
と液体の水が共存している点として正しいものを，下の①〜⑤の
うちから一つ選べ。 　17

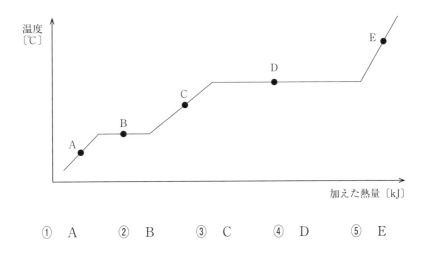

①　A　　　②　B　　　③　C　　　④　D　　　⑤　E

第2章

物質の構成粒子

（13題）

問題1　原子の構造，同位体

問1　次の文中の　1　～　5　にあてはまる語句を，下の①～⑤のうちから一つずつ選べ。

　　原子は原子核とそれをとりまく　1　からできており，原子核は正の電荷をもつ　2　と電荷をもたない　3　とで構成されている。原子核中の　2　の数を　4　，　2　と　3　の数の和を　5　という。

① 原子番号　　　② 質量数　　　③ 陽子
④ 中性子　　　⑤ 電子

問2　中性子の数が陽子の数より2だけ大きい原子を，次の①～⑤のうちから一つ選べ。　6

① $^{3}_{1}H$　　　② $^{10}_{5}B$　　　③ $^{18}_{8}O$
④ $^{19}_{9}F$　　　⑤ $^{23}_{11}Na$

問3　次の文中の　7　～　15　にあてはまる語句，数値および原子を，次頁のそれぞれの解答群のうちから一つずつ選べ。ただし，同じものを繰り返し選んでもよい。

　　質量数12の炭素原子は　7　個の陽子と　8　個の中性子および　9　個の電子からできており，質量数13の炭素原子は　10　個の陽子と　11　個の中性子および　12　個の電子からできている。質量数12の炭素原子と質量数13の炭素原子のように，原子番号は等しいが質量数が異なる原子を互いに　13　といい，化学的性質はほとんど同じである。さらに，ごく微量ではあるが

大気中には質量数14の炭素原子も存在する。質量数12, 13, 14の炭素原子のうち，放射線を出すものは質量数 | 14 | の炭素原子であり，放射性 | 13 | と呼ばれている。

　大気上層の成層圏において，宇宙線により生じた中性子と ^{14}N が反応して，^{14}Nは質量数 | 14 | の炭素原子に変化する。生じた質量数 | 14 | の炭素原子は，β壊変により | 15 | に変化して一定の割合で減少していく。β壊変は，原子核中の中性子1個が陽子1個に変わるときにβ線を放出して他の原子に変わる壊変である。

| 7 | ～ | 12 | , | 14 | の解答群

① 1　　　② 2　　　③ 3　　　④ 4　　　⑤ 5
⑥ 6　　　⑦ 7　　　⑧ 12　　　⑨ 13　　　⓪ 14

| 13 | の解答群

① 異性体　　　② 単体　　　③ 同素体
④ 同位体　　　⑤ 混合物

| 15 | の解答群

① ^{10}Be　② ^{12}C　③ ^{13}C　④ ^{14}N　⑤ ^{15}N

問4　放射性同位体は放射線を放出して壊変し，その壊変速度は同位
　　体ごとに一定である。そのため，物質から放出された放射線量を
　　測定することで，物質中に含まれる放射性同位体の存在比を推定
　　し，その物質の年代を測定することができる。次の図は，時間と
　　ともに減少していくある放射性同位体Aの数を表したものである。

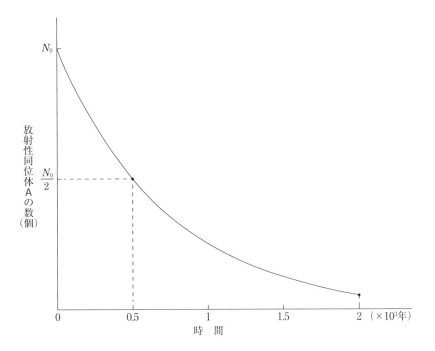

壊変により，放射性同位体が元の数の半分になるまでの時間を半減期という。半減期は各同位体により異なり，また，はじめの同位体の数に関係なく一定である。例えば，半減期が10年ならば，N 個の同位体は10年後には $\dfrac{N}{2}$ 個となる。

　N_0 個のＡは，2×10^3 年後には何個になっているか。最も適当な値を，次の①〜⑤のうちから一つ選べ。 16 個

① $\dfrac{N_0}{12}$ 　② $\dfrac{N_0}{16}$ 　③ $\dfrac{N_0}{24}$ 　④ $\dfrac{N_0}{32}$ 　⑤ $\dfrac{N_0}{64}$

問題 **2**　周期表と元素の性質

問 1　次の表は，元素の一般的性質に基づいて，周期表の一部を **a** 〜
e の五つの領域に分けたものである。これについて，(1)〜(4)の
  17 〜 21 に当てはまるものを，下の ① 〜 ⓪ のうちから
それぞれ一つずつ選べ。ただし，同じものを繰り返し選んでもよ
い。

族\周期	1	2	3	4	5	6	7	8	9	10	11	12	13	14	15	16	17	18
1	H																	e
2	a							b						d				
3																		
4													c					

(1)　金属元素に該当する領域をすべて選んだもの　 17

(2)　遷移元素に該当する領域をすべて選んだもの　 18

(3)　(第一)イオン化エネルギーの最も大きい元素が存在する領域
　　 19 ，および最も小さい元素が存在する領域　 20

(4)　同一周期中で電子親和力の最も大きい元素が存在する領域
　　 21

① **a**　　　② **b**　　　③ **c**　　　④ **d**

⑤ **e**　　　⑥ **a，b**　　⑦ **a，c**　　⑧ **b，c**

⑨ **d，e**　　⓪ **a，b，c**

問2　次の**a**・**b**に当てはまるものを，それぞれの解答群の①～⑥の
　　うちから一つずつ選べ。

a　電気陰性度の大きい順に並べたもの　22

　　①　H＞F＞Na　②　H＞Na＞F　③　Na＞F＞H
　　④　Na＞H＞F　⑤　F＞H＞Na　⑥　F＞Na＞H

b　同族元素の組合せ　23

　　①　HとHe　　　　②　MgとNa　　　③　CとSi
　　④　ClとS　　　　⑤　OとN　　　　⑥　FeとAl

問3　元素の周期表とそれに関する次の記述①～⑤のうちから，正し
　　いものを一つ選べ。　24

　　①　典型元素は，すべて非金属元素である。
　　②　ハロゲンは，1価の陽イオンになりやすい。
　　③　遷移元素は，周期表で隣り合う元素どうしの性質が類似して
　　　　いることが多い。
　　④　現在の用いられている周期表では，元素が原子量の小さいも
　　　　のから大きいものの順に並べられている。
　　⑤　質量数が異なる原子は，必ず周期表上で異なる位置を占める。

問4 元素を原子番号の順に並べると，元素のいろいろな性質が周期的に変化することが認められる。次のグラフは，横軸に原子番号1〜30の元素を，縦軸にそれぞれの元素の　25　の変化を表したものである。

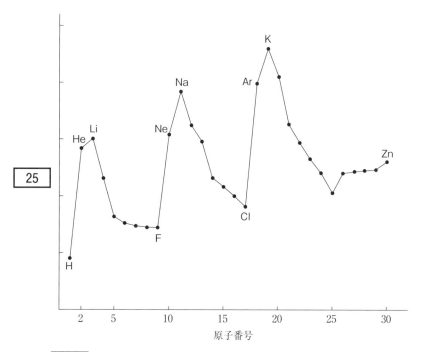

　25　に当てはまる最も適当なものを，次の①〜⑤のうちから一つ選べ。　25

①　イオン化エネルギー　　②　価電子の数
③　最外殻電子の数　　　　④　原子の大きさ（原子半径）
⑤　単体の融点

問題3　電子配置

問1　次の文中の 26 ～ 33 にあてはまる語句または数値を，下の ① ～ ⑦ のうちから一つずつ選べ。ただし，数値は同じものを繰り返し選んでもよい。

　原子中の電子は，原子核の周囲の電子殻と呼ばれるいくつかの層に分かれて存在している。電子殻は，原子核に近い順にK殻，L殻，M殻，N殻，‥‥と呼ばれ，それぞれに収容される電子の最大数は，K殻で 26 個，L殻で 27 個，M殻で 28 個である。

　原子の最も外側の電子殻(最外電子殻)にある電子は，原子がイオンになったり，化学結合したりするときに重要なはたらきをするので， 29 という。この 29 の数が同じ原子どうしは，化学的性質が類似している。ヘリウムやネオンなどの貴ガスと呼ばれる元素群の原子の電子配置は安定であり，イオンになったり，他の原子と結びついたりしにくいので，最外殻電子の数は，ヘリウムが 30 ，それ以外の貴ガスの原子は 31 であるが， 29 の数は 32 とする。したがって，最外殻電子の数は 33 を超えることはない。

① 0　　　　② 1　　　　③ 2　　　　④ 8
⑤ 18　　　⑥ 価電子　　⑦ 自由電子

問2 原子番号1～20の元素について，次の問い（**a**～**c**）に答えよ。

a O原子およびK原子の電子配置を，次の①～⑨のうちからそれぞれ一つずつ選べ。ただし，図の中心の丸は原子核を，外側の同心円は電子殻を，同心円上の丸は電子を表す。

O原子 34 ，K原子 35

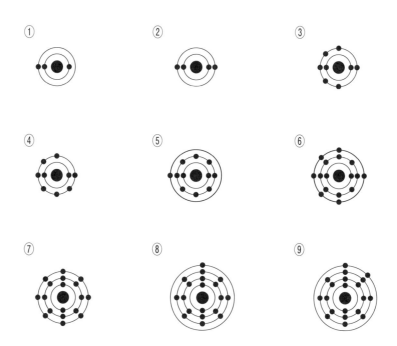

b 次の文中の　36　と　37　に当てはまるものを，下の①〜
⑨のうちから一つずつ選べ。

1価の陽イオンになったときの電子配置が Ne と同じである
もの　36　，および，2価の陰イオンになったときの電子配置
が Ar と同じであるもの　37

① O 　　② F 　　③ Na 　　④ Mg 　　⑤ Al

⑥ S 　　⑦ Cl 　　⑧ K 　　⑨ Ca

c M殻に電子をもたないものを，次の①〜⑤のうちから一つ選
べ。　38

① Ca^{2+} 　　② Cl^- 　　③ Na 　　④ Al^{3+} 　　⑤ Si

問題4　イオンと電解質

問1　次の第3周期の元素の単原子イオン①〜⑤のうちから，イオンの大きさ(イオン半径)が最も大きいものを一つ選べ。　39

① Na^+　　② Mg^{2+}　　③ Al^{3+}　　④ S^{2-}　　⑤ Cl^-

問2　陽イオン，陰イオンともに多原子イオンからなるものを，次の①〜⑤のうちから一つ選べ。　40

① 硫酸マグネシウム

② 硝酸アンモニウム

③ リン酸ナトリウム

④ 塩化アンモニウム

⑤ 水酸化カリウム

問3　次のア〜エの物質を水に溶かしたときに，その水溶液が電気を通すものの組合せとして最も適当なものを，下の①〜⑥のうちから一つ選べ。　41

ア　スクロース(ショ糖)

イ　塩化ナトリウム

ウ　硫酸アンモニウム

エ　エタノール

① アとイ　　　② アとウ　　　③ アとエ

④ イとウ　　　⑤ イとエ　　　⑥ ウとエ

第3章

化学結合と分子

（7題）

問題1 化学結合

問1 化学結合に関する記述として**誤っているもの**を，次の①〜⑤のうちから一つ選べ。 1

① N_2，CO_2およびH_2O は，分子中に二重結合または三重結合をもっている。

② ダイヤモンドの結晶では，それぞれの炭素原子が四つの等価な共有結合を形成している。

③ 鉄の結晶では，自由電子が鉄原子を互いに結びつける役割を果たしている。

④ ヨウ素の結晶では，2つのヨウ素原子が共有結合により分子を形成し，ヨウ素分子どうしが集まって規則的に配列している。

⑤ 塩化ナトリウムの結晶では，ナトリウムイオンと塩化物イオンが電気的な引力で引き合っている。

問2 一般に，金属元素と非金属元素の原子間の結合はイオン結合になる。金属元素を M，非金属元素を X で表すとき，次の 2 〜 5 の原子間の結合が，イオン結合によって生成する化合物の化学式として最も適当なものを，下の①〜⑦のうちから一つずつ選べ。（例えば，Na と Cl なら MX ④）

| 2 | Mg と Cl | 3 | Ca と O | 4 | Al と Cl |
| 5 | Al と O |

① M_3X　　② M_2X　　③ M_3X_2　　④ MX

⑤ M_2X_3　　⑥ MX_2　　⑦ MX_3

問題2　共有結合と分子

問1　化学結合に関する記述として**誤りを含むもの**を，次の①〜④のうちから一つ選べ。　6

①　オキソニウムイオン H_3O^+ の3個の O−H 結合のうち，1個は配位結合であり，残り2個の共有結合とは結合エネルギーが異なる。

②　アンモニア分子は銅（Ⅱ）イオンや銀（Ⅰ）イオンと配位結合で結合して錯イオンを形成することができる。

③　水分子において，水素原子の電子配置はヘリウムの電子配置と，酸素原子の電子配置はネオンの電子配置と同じである。

④　塩化水素分子は共有結合でできており，水に溶けて水素イオンを放出する。

問2　次の **a 〜 c** に当てはまるものを，下の①〜⑥のうちからそれぞれ一つずつ選べ。

a　非共有電子対の数が最も多い分子　7

b　三角錐形の分子　8

c　結合には極性があるが，無極性分子である有機化合物　9

①　H_2O　　　②　HCl　　　③　NH_3

④　CH_4　　　⑤　N_2　　　⑥　CO_2

問3　次の図は，周期表の14〜17族元素の水素化合物の沸点を示したものである。この図に関する次頁の記述①〜④のうちから，下線部に**誤りを含むもの**を一つ選べ。 10

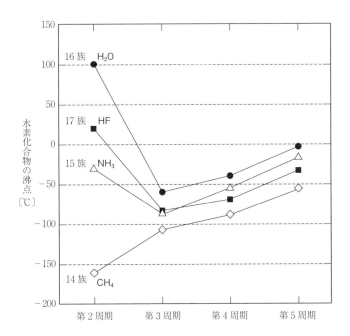

① 14族元素の水素化合物の沸点は，分子量が大きくなるほど
　ファンデルワールス力が強くなることに関係している。

② 第3周期から第5周期の16族元素の水素化合物の沸点の違い
　は，分子量が大きくなるほど分子の極性が大きくなるからであ
　る。

③ 第2周期の15〜17族元素の水素化合物の分子量が小さいにも
　かかわらず沸点が高いのは，これらの分子間に水素結合が形成
　されるからである。

④ 第3周期の16族元素の水素化合物が14族元素の水素化合物よ
　り沸点が高いのは，16族元素の水素化合物が極性分子であり，
　14族元素の水素化合物が無極性分子であるからである。

問題3　結晶の分類と性質

問1　結晶が分子結晶であるものの組合せを，次の①〜⑤のうちから一つ選べ。　11

① Al と H_2　　② He と CO_2　　③ NaCl と $CuSO_4$

④ SiO_2 と I_2　　⑤ Si と H_2O

問2　次の記述 **a〜c** は，黒鉛，硝酸カリウム，ナトリウムの性質に関するものである。記述中の物質ア〜ウの組合せとして最も適当なものを，下の①〜⑥のうちから一つ選べ。　12

a 固体状態で，イは電気をほとんど通さないが，アとウは電気をよく通す。

b ア，イ，ウに水を加えると，気体を発生して溶解するものは，アである。

c アとイの融点に比べて，ウの融点はかなり高い。

	ア	イ	ウ
①	黒　　鉛	硝酸カリウム	ナトリウム
②	黒　　鉛	ナトリウム	硝酸カリウム
③	硝酸カリウム	ナトリウム	黒　　鉛
④	硝酸カリウム	黒　　鉛	ナトリウム
⑤	ナトリウム	硝酸カリウム	黒　　鉛
⑥	ナトリウム	黒　　鉛	硝酸カリウム

第4章

物質量と化学変化

（10題）

問題 1　原子量と物質量

問1　次の文中の　1　～　4　に当てはまる語句や数値を，それ
　　ぞれの解答群のうちから一つずつ選べ。

　　　現在用いられている　1　の基準は　2　であり，　2　1
　　個の質量を　3　とした相対質量が用いられている。多くの元
　　素には2種類以上の同位体が存在するが，それぞれの同位体の相
　　対質量と，それらの自然界における存在率がわかれば，その元素
　　について原子1個の平均の相対質量を計算することができる。こ
　　れをその元素の　1　という。
　　　塩素には質量数35(相対質量35.0)および質量数37(相対質量
　　37.0)の同位体が存在する。自然界における質量数35の塩素原子
　　の存在率は　4　%であるので，塩素の　1　は35.5になる。

　1　の解答群
　　① 原子番号　　② 物質量　　③ 原子量　　④ 分子量

　2　の解答群
　　① 質量数1の水素原子　　　　② 質量数2の水素原子
　　③ 質量数12の炭素原子　　　④ 質量数13の炭素原子
　　⑤ 質量数16の酸素原子　　　⑥ 質量数18の酸素原子

　3　の解答群
　　① 1　　② 2　　③ 12　　④ 13　　⑤ 16　　⑥ 18

　4　の解答群
　　① 15　　② 25　　③ 33　　④ 50　　⑤ 67　　⑥ 75

問2　$6.0×10^{22}$個のメタン分子について，次の問い（**a・b**）に答えよ。ただし，原子量は H＝1.0，C＝12.0とし，アボガドロ定数は$6.0×10^{23}$/mol とする。

a　このメタンの質量は何 g か。次の①〜⑥のうちから最も適当な値を一つ選べ。　5　g

① 0.16　　　　② 0.32　　　　③ 1.6

④ 3.2　　　　⑤ 16　　　　　⑥ 32

b　0 ℃，$1.013×10^5$ Pa（標準状態）において，このメタンが占める体積は何 L になるか。次の①〜⑥のうちから最も適当な値を一つ選べ。　6　L

① 1.1　　　　② 2.2　　　　③ 4.4

④ 11　　　　　⑤ 22　　　　　⑥ 44

問3　次の記述ア〜ウで示される物質量a〜cの大小関係として最も適当なものを，下の①〜⑥のうちから一つ選べ。ただし，原子量は H＝1.0，アボガドロ定数は$6.0×10^{23}$/mol とする。　7

ア　硫酸イオン$9.0×10^{23}$個を含む硫酸アルミニウムの物質量a

イ　水素原子2.0 g を含むアンモニアの物質量b

ウ　0 ℃，$1.013×10^5$ Pa において5.6 L の体積を占めるアルゴン原子の物質量c

① $a>b>c$　　② $a>c>b$　　③ $b>a>c$

④ $b>c>a$　　⑤ $c>a>b$　　⑥ $c>b>a$

問4　次の文中の　8　と　9　に当てはまるものを，それぞれの
解答群のうちから一つずつ選べ。

　　安定な３価の陽イオンになりやすい金属元素 M の酸化物1.40
ｇを還元したところ，単体の金属 M が0.74ｇ得られた。この金
属元素 M の酸化物の組成式は　8　で表され，酸素の原子量を
16とすると，金属元素 M の原子量は　9　となる。

　8　の解答群

①　MO　　②　MO_3　　③　M_3O　　④　M_2O_3　　⑤　M_3O_2

　9　の解答群

①　12　　②　18　　③　27　　④　52　　⑤　56

問題 **2**　溶液の濃度，溶解度

問1　水酸化ナトリウム120 g を水に溶かして全量を500 mL にした水
　　酸化ナトリウム水溶液がある。これについて次の問い（**a** ～ **c**）に
　　答えよ。ただし，原子量は，H＝1.0，O＝16，Na＝23とする。

　a　この水溶液のモル濃度は何 mol/L か。次の①～⑥のうちか
　　ら最も近い値を一つ選べ。　| 10 | mol/L

　　①　1.0　　　　　②　1.5　　　　　③　2.0
　　④　3.0　　　　　⑤　6.0　　　　　⑥　12

　b　この水溶液の密度は1.2 g /cm^{3}であるとすれば，この水溶液
　　の質量パーセント濃度は何％か。次の①～⑥のうちから最も近
　　い値を一つ選べ。　| 11 | ％

　　①　5.0　　②　10　　③　15　　④　20　　⑤　25　　⑥　30

　c　この水溶液の一定量をはかりとり，水で薄めて3.0 mol/L の
　　水酸化ナトリウム水溶液100 mL をつくるとき，何 mL はかり
　　とればよいか。次の①～⑤のうちから最も近い値を一つ選べ。
　　| 12 | mL

　　①　5.0　　②　10　　③　25　　④　40　　⑤　50

問2 図1は，硝酸カリウムの溶解度(100 gの水に溶かすことのでき
る硝酸カリウムの最大質量〔g〕の数値)と温度の関係を示す。グ
ラフより，60℃の水100 gには110 gまで，20℃の水100 gには32 g
まで溶かすことができることがわかる。これに関して，次の **a**・
b に答えよ。

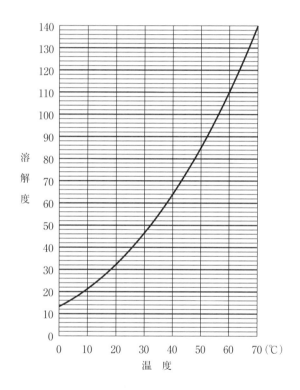

図1

a　60℃の硝酸カリウムの飽和水溶液100 g中に溶けている硝酸カリウムの質量〔g〕はいくらか。最も適当な数値を，次の①〜⑤のうちから一つ選べ。　| 13 |　g

　① 52　　　② 55　　　③ 78　　　④ 83　　　⑤ 110

b　60℃の飽和水溶液100 gを20℃に冷却すると，析出する硝酸カリウムの質量〔g〕はいくらか。最も適当な数値を，次の①〜⑤のうちから一つ選べ。　| 14 |　g

　① 3.7　　② 8.8　　③ 37　　　④ 66　　　⑤ 88

問3 濃度0.100 mol/L のシュウ酸標準溶液250 mL を調製したい。調製法に関する次の問い（**a**・**b**）に答え，その答えの組合せとして正しいものを，下の①〜⑥のうちから一つ選べ。 15

a この標準溶液をつくるために必要なシュウ酸二水和物 $(COOH)_2 \cdot 2H_2O$ の質量〔g〕として正しいものを，次のア〜ウのうちから一つ選べ。ただし，原子量は H = 1.0, C = 12, O = 16 とする。

ア　2.25　　　　イ　2.70　　　　ウ　3.15

b シュウ酸二水和物を水に溶解して標準溶液とする操作として最も適当なものを，次のエ〜カのうちから一つ選べ。

エ　500 mL のビーカーにシュウ酸二水和物を入れて約200 mL の水に溶かし，ビーカーの250 mL の目盛りまで水を加えたあと，よくかき混ぜた。

オ　100 mL のビーカーにシュウ酸二水和物を入れて少量の水に溶かし，この溶液とビーカーの中を洗った液を250 mL のメスフラスコに移した。水を標線まで入れ，よく振り混ぜた。

カ　500 mL のビーカーにシュウ酸二水和物を入れ，メスシリンダーではかりとった水250 mL を加え，よくかき混ぜた。

	a	**b**
①	ア	エ
②	イ	オ
③	ウ	オ
④	ア	カ
⑤	イ	エ
⑥	ウ	カ

問題 3　化学反応式

問1　マグネシウム1.60 gを4.0 mol/L の塩酸50.00 gに完全に溶かした後，溶液の質量を測定したところ51.47 gであった。次の問い（**a** ・ **b**）に答えよ。

a　質量保存の法則を用いると，発生した気体の質量は何gか。次の①～⑤のうちから最も近い値を一つ選べ。　16 g

① 0.13　② 0.15　③ 0.26　④ 1.30　⑤ 1.47

b　この実験結果から求められるマグネシウムの原子量として最も適当な値を，次の①～⑤のうちから一つ選べ。　17

① 25　② 37　③ 40　④ 49　⑤ 74

問2　エタノール C_2H_6O 2.3 gと0℃，1.013×10^5 Paで11.2 Lの体積を占める酸素を容器中に封入したのち，点火してすべてのエタノールを完全燃焼させた。これについて，次の問い（**a** ・ **b**）に答えよ。ただし，原子量はH = 1.0，C = 12，O = 16とする。

a　反応によって生成した水の質量は何gか。次の①～⑤のうちから最も近い値を一つ選べ。　18 g

① 0.90　② 1.8　③ 2.7　④ 3.6　⑤ 9.0

b　反応後に容器中に残っている酸素は，0℃，1.013×10^5 Paで何Lになるか。次の①～⑤のうちから最も近い値を一つ選べ。　19 L

① 2.2　② 3.4　③ 5.6　④ 7.8　⑤ 9.4

問3　マグネシウムは，次の化学反応式に従って酸素と反応し，酸化マグネシウムを生成する。

$$2\,Mg\ +\ O_2\ \longrightarrow\ 2\,MgO$$

マグネシウム 2.4 g と体積 V〔L〕の酸素とを反応させたとき，質量 m〔g〕の酸化マグネシウムが生じた。V と m の関係を示すグラフとして最も適当なものを，次の①～⑥のうちから一つ選べ。ただし，原子量は O＝16，Mg＝24とし，酸素の体積は 0 ℃，1.013×10⁵ Pa における体積とする。 20

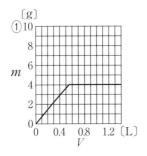

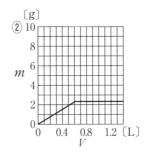

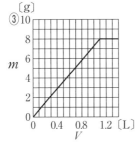

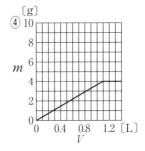

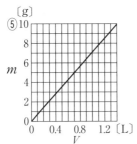

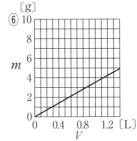

第5章

酸と塩基

(12題)

問題 1　酸と塩基

問1　アンモニア NH_3 を水に溶かすと，次のように電離する。

$$NH_3 + H_2O \rightleftharpoons NH_4{}^+ + OH^-$$

上記の式において，ブレンステッドの定義による酸に該当するものをすべて選んだものを，次の①～⑥のうちから一つ選べ。　1

①　NH_3 と H_2O 　　②　$NH_4{}^+$ と OH^- 　　③　NH_3 と OH^-

④　H_2O と $NH_4{}^+$ 　　⑤　NH_3 と $NH_4{}^+$ 　　⑥　H_2O と OH^-

問2　次の文中の　2　～　6　にあてはまるものを，下の①～⑤のうちからそれぞれ一つずつ選べ。

水に溶かしたとき，1分子の酸からもたらされる水素イオンの数を酸の価数，1分子の塩基からもたらされる水酸化物イオンの数を塩基の価数という。1価の酸は　2　や　3　が該当し，2価の酸は　4　が該当する。一方，1価の塩基は　5　が該当し，2価の塩基は　6　が該当する。これらの物質の 0.1 mol/L 程度の水溶液において，ほとんど完全に電離している物質は　2　と　6　であり，強酸および強塩基に該当する。このように，酸・塩基の価数は酸・塩基の強さには関係しない。

①　アンモニア　　②　シュウ酸　　③　水酸化バリウム

④　塩化水素　　⑤　酢酸

問3　c〔mol/L〕の酢酸水溶液における酢酸イオンの濃度〔CH_3COO^-〕は m〔mol/L〕であった。この酢酸水溶液の電離度 α はどのような式で表されるか。次の①～⑥のうちから最も適当なものを一つ選べ。　7

①　$\dfrac{m}{c}$　　　　② $\dfrac{m-c}{c}$　　　③ $1-m$

④　$\dfrac{1}{1-m}$　　⑤ $\dfrac{c-m}{c(1-m)}$　　⑥ $\dfrac{m}{c(1-m)}$

問4　c〔mol/L〕のアンモニア水の電離度を α とすると，水酸化物イオンの濃度〔OH^-〕はどのような式で表されるか。次の①～⑥のうちから最も適当なものを一つ選べ。　8　〔mol/L〕

①　c　　　　　　② $c(1-2\alpha)$　　③ $c(1-\alpha)$
④　$c(1+2\alpha)$　⑤ $c(1+\alpha)$　　⑥ $c\alpha$

問題 2　中和滴定

問1　水酸化ナトリウム水溶液の濃度を決定するため，次のような実験を行った。これに関して，下の各問い（**a** ～ **e**）に答えよ。ただし，原子量は H = 1.0，C = 12，O = 16とする。

操作(1)　シュウ酸の結晶（$H_2C_2O_4 \cdot 2H_2O$）1.26 g を水に溶かしたのち，器具Xに移しさらに水を加えて全量を100 mL とした。

操作(2)　水酸化ナトリウムの固体を約0.5 g はかりとり，水に溶かして100 mL とした。

操作(3)　器具Yを用いて，操作(1)のシュウ酸水溶液10.0 mL をコニカルビーカーにとり，さらに水を加えて約30 mL とした。これに指示薬Aを数滴加えた。

操作(4)　操作(3)のコニカルビーカー中の水溶液に，器具Zに入れた操作(2)の水酸化ナトリウム水溶液を滴下したところ，中和の終点に達するまでに18.0 mL を要した。

a　操作(1)で調製したシュウ酸水溶液の濃度は何 mol/L か。次の①～⑧のうちから最も近い値を一つ選べ。　**9**　mol/L

①　0.00100　　②　0.00140　　③　0.0100　　④　0.0140

⑤　0.0200　　⑥　0.100　　⑦　0.140　　⑧　0.200

b　器具X，Y，Zに該当するものを，右頁の①～④のうちからそれぞれ一つずつ選べ。X = **10**，Y = **11**，Z = **12**

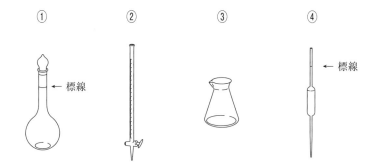

c 指示薬Aとして最も適当なものを，次の①〜③のうちから一つ選べ。　13

① メチルオレンジ　　② フェノールフタレイン

③ リトマス

d 中和の終点はどのようにして判別できるか。次の①〜⑤のうちから最も適当なものを一つ選べ。　14

① コニカルビーカー中の溶液の色が無色から微赤色になる。

② コニカルビーカー中の溶液の色が赤色から無色になる。

③ コニカルビーカー中の溶液の色が赤色から黄色になる。

④ コニカルビーカー中の溶液の色が黄色から橙赤色になる。

⑤ コニカルビーカー中の溶液の色が無色から紫色になる。

e 操作(2)で調製した水酸化ナトリウム水溶液の正確な濃度はいくらになるか。次の①〜⑧のうちから最も近い値を一つ選べ。
　15　mol/L

① 0.0111　② 0.0156　③ 0.0556　④ 0.0778

⑤ 0.111　　⑥ 0.156　　⑦ 0.222　　⑧ 0.556

問2　次の(a)～(c)の中和滴定における滴定曲線として最も適当なもの
を，下の①～⑥のうちから一つずつ選べ。

(a)　0.10 mol/L の酢酸水溶液10 mL に0.10 mol/L の水酸化ナト
リウム水溶液を滴下する。 16

(b)　0.10 mol/L の塩酸10 mL に0.10 mol/L の水酸化ナトリウム
水溶液を滴下する。 17

(c)　0.10 mol/L の塩酸10 mL に0.10 mol/L の水酸化バリウム水
溶液を滴下する。 18

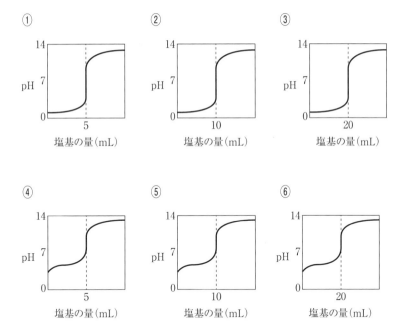

問3 水酸化ナトリウムと水酸化バリウムの混合物 2.31 g を蒸留水に溶かした。それを完全に中和するのに，1.00 mol/L の希硫酸17.5 mL を必要とした。もとの混合物は，水酸化ナトリウムを質量で何％含んでいたか。最も適当な数値を，次の①〜⑤のうちから一つ選べ。ただし，原子量は H＝1.0，O＝16，Na＝23，Ba＝137とする。 19 ％

① 6.5 ② 13 ③ 26 ④ 52 ⑤ 78

問4 ある量のアンモニアを0.050 mol/L の希硫酸20.0 mL に完全に吸収させたのち，残っている硫酸を中和するのに0.050 mol/L の水酸化ナトリウム水溶液を20.0 mL 要した。はじめのアンモニアの物質量として最も適当な数値を，次の①〜⑥のうちから一つ選べ。 20 mol

① 1.0×10^{-3} ② 2.0×10^{-3} ③ 4.0×10^{-3}
④ 1.0×10^{-2} ⑤ 2.0×10^{-2} ⑥ 4.0×10^{-2}

問題3　水素イオン濃度と pH

　次の(1)〜(6)の各水溶液の pH に最も近い値を，下の①〜⓪のうちから一つずつ選べ。ただし，水素イオン濃度 $[H^+]$ を水酸化物イオン濃度 $[OH^-]$ や pH に変換するときには次の表を用いよ。また，同じものを繰り返し選んでもよい。

$[H^+]$〔mol/L〕	10^0	10^{-1}	10^{-2}	10^{-3}	10^{-4}	10^{-5}	10^{-6}	10^{-7}	10^{-8}	10^{-9}	10^{-10}	10^{-11}	10^{-12}	10^{-13}	10^{-14}
$[OH^-]$〔mol/L〕	10^{-14}	10^{-13}	10^{-12}	10^{-11}	10^{-10}	10^{-9}	10^{-8}	10^{-7}	10^{-6}	10^{-5}	10^{-4}	10^{-3}	10^{-2}	10^{-1}	10^0
pH	0	1	2	3	4	5	6	7	8	9	10	11	12	13	14
液　性	酸　性 ←					中　性					→ 塩基性				

＊$[H^+]$が10^{-2}mol/Lのときには，$[OH^-]$は10^{-12}mol/L，pHは2となる。

(1)　0.0050 mol/L の希硫酸 　21

(2)　0.010 mol/L の水酸化ナトリウム水溶液 　22

(3)　0.10 mol/L の酢酸（電離度は0.01）　23

(4)　0.010 mol/L の塩酸を水で10^8倍に希釈した水溶液 　24

(5)　pH12の水酸化ナトリウム水溶液を水で10倍に希釈した水溶液
　25

(6)　0.010 mol/L の塩酸25 mL に2.0×10^{-3} mol/L の水酸化ナトリウム水溶液75 mL を混合した水溶液 　26

① 1.0　　② 1.7　　③ 2.0　　④ 3.0　　⑤ 3.6

⑥ 7.0　　⑦ 10　　⑧ 11　　⑨ 12　　⓪ 13

問題 4　塩

問1　次の(a)〜(e)の水溶液において，酸性を示すものだけを選んだ組合せを，下の①〜⑨のうちから一つ選べ。　$\boxed{27}$

(a)　硫酸水素ナトリウム

(b)　炭酸水素ナトリウム

(c)　塩化ナトリウム

(d)　酢酸ナトリウム

(e)　塩化アンモニウム

① (a), (b)　　　　② (a), (e)　　　　③ (b), (d)

④ (a), (d)　　　　⑤ (c), (d)　　　　⑥ (c), (e)

⑦ (a), (b), (e)　　⑧ (b), (c), (d)　　⑨ (c), (d), (e)

問2　酢酸ナトリウムに塩酸を加えると，酢酸が生じて刺激臭を呈する。この反応と同じように，弱酸の中和により生じた塩に強酸を加えると弱酸が遊離する反応を，次の①〜⑤のうちから一つ選べ。
$\boxed{28}$

① $2\,NH_4Cl + Ca(OH)_2 \longrightarrow 2\,NH_3 + CaCl_2 + 2\,H_2O$

② $BaCl_2 + Na_2SO_4 \longrightarrow 2\,NaCl + BaSO_4$

③ $3\,Cu + 8\,HNO_3 \longrightarrow 3\,Cu(NO_3)_2 + 4\,H_2O + 2\,NO$

④ $H_2SO_4 + 2\,NaOH \longrightarrow Na_2SO_4 + 2\,H_2O$

⑤ $Na_2CO_3 + H_2SO_4 \longrightarrow H_2O + CO_2 + Na_2SO_4$

問3　炭酸ナトリウム Na_2CO_3 の水溶液に塩酸を滴下すると，次のような滴定曲線となり，2つの中和点が存在する。

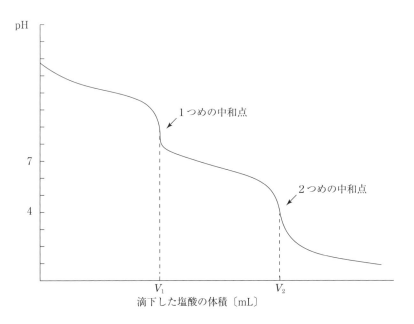

これは，最初に(1)の反応が起こり，その反応が終了してから，次に(2)の反応が進行するからである。

$$Na_2CO_3 + HCl \longrightarrow NaHCO_3 + NaCl \tag{1}$$

$$NaHCO_3 + HCl \longrightarrow H_2O + CO_2 + NaCl \tag{2}$$

すなわち，1つめの中和点は，(1)の反応が終了して $NaHCO_3$ と $NaCl$ の混合溶液となり，2つめの中和点は，(2)の反応が終了して CO_2 と $NaCl$ の混合溶液となっている。これに関する次の各問い（**a・b**）に答えよ。

a 2つの中和点を判定するために，はじめに Na_2CO_3 水溶液に指示薬アを加えてから，塩酸を滴下してその色の変化から1つめの中和点を求める。続いて，1つめの中和点で指示薬イを加えてからさらに塩酸を滴下し，その色の変化から2つめの中和点を求めることができる。用いる指示薬アおよびイとそれらの色の変化について正しいものを，次の①〜⑥のうちから一つ選べ。 29

① アにメチルオレンジを用いて黄色から赤色に変化する点を1つめの中和点とし，イにフェノールフタレインを用いて赤色から無色に変化する点を2つめの中和点とする。

② アにメチルオレンジを用いて黄色から赤色に変化する点を1つめの中和点とし，イにフェノールフタレインを用いて無色から赤色に変化する点を2つめの中和点とする。

③ アにメチルオレンジを用いて赤色から黄色に変化する点を1つめの中和点とし，イにフェノールフタレインを用いて赤色から無色に変化する点を2つめの中和点とする。

④ アにフェノールフタレインを用いて無色から赤色に変化する点を1つめの中和点とし，イにメチルオレンジを用いて黄色から赤色に変化する点を2つめの中和点とする。

⑤ アにフェノールフタレインを用いて赤色から無色に変化する点を1つめの中和点とし，イにメチルオレンジを用いて赤色から黄色に変化する点を2つめの中和点とする。

⑥ アにフェノールフタレインを用いて赤色から無色に変化する点を1つめの中和点とし，イにメチルオレンジを用いて黄色から赤色に変化する点を2つめの中和点とする。

b 1つめの中和点までの塩酸の滴下量は V_1〔mL〕，2つめの中和点までの塩酸の滴下量は V_2〔mL〕である。V_1 と V_2 の関係式として正しいものを，次の①〜⑤のうちから一つ選べ。 30

① $4V_1 = V_2$ ② $3V_1 = V_2$ ③ $2.5V_1 = V_2$

④ $2V_1 = V_2$ ⑤ $1.5V_1 = V_2$

第6章

酸化還元

（9題）

問題 1　酸化と還元，酸化数

問 1　次の文中の　1　～　6　に当てはまる最も適当なものを，下のそれぞれの解答群のうちから一つずつ選べ。ただし，同じものを繰り返し選んでもよい。

　　酸化とは電子を失う変化であり，還元とは電子を受け取る変化である。次の変化において，銅原子の酸化数は　1　し，亜鉛原子の酸化数は　2　している。

　　$CuSO_4 + Zn \longrightarrow Cu + ZnSO_4$

　　すなわち，$CuSO_4$ は Zn により　3　され，Zn は $CuSO_4$ により　4　されている。したがって，酸化剤は　5　であり，還元剤は　6　である。

　　　　1　～　4　の解答群
　　　　① 減少　　② 増加　　③ 酸化　　④ 還元　　⑤ 中和

　　　　5　と　6　の解答群
　　　　① $CuSO_4$　　　　　② Zn

問2　次の①～⑥におけるそれぞれの物質の変化において，下線を付けた原子の酸化数が2だけ増加しているものを一つ選べ。 7

① $H\underline{Cl} \longrightarrow H\underline{Cl}O$

② $H_2\underline{O}_2 \longrightarrow \underline{O}_2$

③ $H_2\underline{S} \longrightarrow H_2\underline{S}O_4$

④ $H\underline{N}O_3 \longrightarrow \underline{N}H_3$

⑤ $\underline{C}H_4 \longrightarrow \underline{C}O_2$

⑥ $K\underline{Mn}O_4 \longrightarrow \underline{Mn}SO_4$

問3　次の①～⑤のうちから，酸化還元反応であるものを一つ選べ。
8

① $H_2S + 2\,AgNO_3 \longrightarrow Ag_2S + 2\,HNO_3$

② $H_2SO_4 + NaCl \longrightarrow NaHSO_4 + HCl$

③ $2\,H_2O_2 \longrightarrow 2\,H_2O + O_2$

④ $K_2Cr_2O_7 + 2\,KOH \longrightarrow 2\,K_2CrO_4 + H_2O$

⑤ $2\,NH_4Cl + Ca(OH)_2 \longrightarrow CaCl_2 + 2\,H_2O + 2\,NH_3$

問題 **2**　酸化還元滴定

次の文章を読んで，下の問い（ **a** ～ **c** ）に答えよ。

硫酸で酸性にした過酸化水素水に過マンガン酸カリウム水溶液を加えると，過マンガン酸カリウム水溶液の　 ア 　色が消えて，酸素が発生する。このとき，過マンガン酸カリウムは　 イ 　剤としてはたらき，過酸化水素は　 ウ 　剤としてはたらいている。それぞれの物質の変化を，電子 e^- を用いたイオン反応式で表すと，次のようになる。

$$MnO_4^- + 8\,H^+ + \boxed{エ}\,e^- \longrightarrow Mn^{2+} + 4\,H_2O$$
$$H_2O_2 \longrightarrow O_2 + 2\,H^+ + \boxed{オ}\,e^-$$

電子の授受が過不足なく行われるように，2つの式を合成して1つにすると，次のイオン反応式が得られる。

$$2\,MnO_4^- + 5\,H_2O_2 + 6\,H^+ \longrightarrow 2\,Mn^{2+} + 8\,H_2O + 5\,O_2$$

さらに，物質を組成式や分子式で表すと次の化学反応式が得られる。

$$2\,KMnO_4 + 5\,H_2O_2 + 3\,H_2SO_4 \longrightarrow$$
$$2\,MnSO_4 + 8\,H_2O + 5\,O_2 + K_2SO_4$$

a　文章中の空欄　 ア 　～　 ウ 　に入れる語の組合せとして最も適当なものを，次の①～⑥のうちから一つ選べ。　 9

	ア	イ	ウ
①	無 色	酸 化	還 元
②	無 色	還 元	酸 化
③	赤 紫	酸 化	還 元
④	赤 紫	還 元	酸 化
⑤	青	酸 化	還 元
⑥	青	還 元	酸 化

b 文章中の空欄 **エ** と **オ** に入れる数値の組合せとして最も適当なものを，次の①〜⑧のうちから一つ選べ。 **10**

	エ	オ
①	1	1
②	2	2
③	5	5
④	7	7
⑤	1	7
⑥	2	5
⑦	5	2
⑧	7	1

c 硫酸酸性条件下で，0.050 mol/L H_2O_2水溶液20 mL と過不足なく反応する0.010 mol/L $KMnO_4$水溶液の体積は何 mL か。最も適当な数値を，次の①〜⑤のうちから一つ選べ。 **11** mL

① 10   ② 20   ③ 40   ④ 60   ⑤ 80

問題3 金属の反応性

問1 次の記述①〜⑥のうちから，**誤りを含む**ものを一つ選べ。

　　　12

① AuやPtは濃硝酸に溶けないが，王水には溶ける。

② KやCaは，常温の水と反応して水素を発生する。

③ MgやZnは，塩酸や希硫酸に溶けて水素を発生する。

④ CuやAgは希硫酸には溶けないが，熱濃硫酸には溶けて水素を発生する。

⑤ AlやFeは，希硫酸に溶けるが濃硝酸にはほとんど溶けない。

⑥ AgやPtは，湿った空気中でも酸化されない。

問2 次の記述に該当する金属を，下の①〜④のうちから一つ選べ。

　　亜鉛イオンを含む水溶液に浸しても亜鉛を析出しないが，銅（Ⅱ）イオンを含む水溶液に浸すと銅が析出するもの。　13

① 鉄　　　② 白金　　　③ マグネシウム　　　④ 銀

問題4　酸化還元反応の利用

問1　次の文中の $\boxed{14}$ ～ $\boxed{18}$ に当てはまる最も適当な語句を，下の ①～⑧ のうちからそれぞれ一つずつ選べ。

　　乾電池の負極と正極に，豆ランプを連結した導線をつなぐと，豆ランプは点灯する。このとき，導線中を負極から正極に向かって $\boxed{14}$ が流れ，正極では $\boxed{15}$ 反応，負極では $\boxed{16}$ 反応が起こり，電池全体では酸化還元反応が起こっている。このように，酸化還元反応の化学エネルギーを電気エネルギーとして取り出す装置が化学電池である。

　　化学電池の1つである水素燃料電池では，放電時における電池全体の反応として，水素の燃焼反応が起こっている。

$$2\,H_2\ +\ O_2\ \longrightarrow\ 2\,H_2O$$

　　このとき，水素原子の酸化数は $\boxed{17}$ しており，$\boxed{18}$ 極に水素が送られていることがわかる。

①　正　　　　　②　負　　　　　③　酸化　　　　④　還元

⑤　電子　　　　⑥　電流　　　　⑦　減少　　　　⑧　増加

問2　次の図に示したように，銅板を浸した硫酸銅（Ⅱ）$CuSO_4$の水溶液と亜鉛板を浸した硫酸亜鉛 $ZnSO_4$の水溶液を素焼き板で仕切った後，導線で二つの金属板を結ぶと，豆ランプが点灯した。これに関する次の問い（**a・b**）に答えよ。

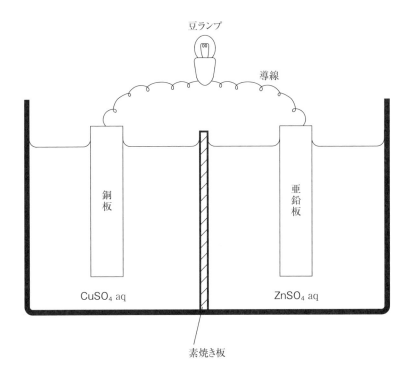

a　豆ランプが点灯している間において，導線中に流れる電子の方向と素焼き板を通過して移動するイオンの方向として正しいものを，次の①〜⑤のうちから一つ選べ。　19

①　電子は銅板から亜鉛板に向かって流れ，Zn^{2+} は $ZnSO_4$水溶液から $CuSO_4$水溶液に向かって移動する。

②　電子は亜鉛板から銅板に向かって流れ，Cu^{2+} は $CuSO_4$水溶液から $ZnSO_4$水溶液に向かって移動する。

③ 電子は銅板から亜鉛板に向かって流れ，Cu^{2+} は $CuSO_4$ 水溶液から $ZnSO_4$ 水溶液に向かって移動する。

④ 電子は亜鉛板から銅板に向かって流れ，$SO_4{}^{2-}$ は $CuSO_4$ 水溶液から $ZnSO_4$ 水溶液に向かって移動する。

⑤ 電子は銅板から亜鉛板に向かって流れ，$SO_4{}^{2-}$ は $CuSO_4$ 水溶液から $ZnSO_4$ 水溶液に向かって移動する。

b 豆ランプを点灯させることにより，二つの金属板の質量はそれぞれどのように変化するか。亜鉛板と銅板の質量の変化の組合せとして最も適当なものを，次の①～⑨のうちから一つ選べ。 20

	亜鉛板の質量	銅板の質量
①	変化しない	減少する
②	変化しない	増加する
③	変化しない	変化しない
④	増加する	減少する
⑤	増加する	増加する
⑥	増加する	変化しない
⑦	減少する	減少する
⑧	減少する	増加する
⑨	減少する	変化しない

問3　酸化還元反応の利用に関する次の記述①〜⑤のうちから，**誤り**
を含むものを一つ選べ。 21

①　自動車のバッテリーに用いられている鉛蓄電池は，充電によ
り繰り返し使うことのできる一次電池である。

②　食品に含まれるアスコルビン酸(ビタミンC)は，酸化防止剤
として利用されている。

③　アルミニウムの表面に酸化被膜をつけたものは酸化されにく
いので，アルミニウムは食器や建築材料に用いられている。

④　化学エネルギーを電気エネルギーに変換する装置が電池であ
り，電気エネルギーを用いて化学反応を起こす操作が電気分解
である。

⑤　次亜塩素酸ナトリウムは強い酸化作用を持ち，漂白剤や殺菌，
消毒などに利用されている。

第7章

身のまわりの化学

（3題）

問題1　身のまわりにある物質

　身のまわりにある物質に関する次の記述①～⑤のうちから，**誤りを含むもの**を一つ選べ。 　1

① 　ポリ袋や容器などに利用されているポリエチレンは，エチレンの付加重合で得られる。

② 　ケイ素の単体は，半導体として太陽電池や集積回路(IC)などに利用されている。

③ 　セッケンは水になじみやすい部分と水になじみにくい(油になじみやすい)部分をもつため，油汚れを落とすことができる。

④ 　ステンレス鋼は，鉄にクロムやニッケルなどを加えた合金であり，さびにくい。

⑤ 　肥料などに利用されている塩化アンモニウムは，すべての原子が共有結合で結びついている。

問題 **2**　金属の製錬

問1　鉄の酸化物を含む鉄鉱石とコークス C，石灰石 $CaCO_3$ を溶鉱
炉に入れ熱風を送ると，コークスから一酸化炭素 CO が生じる。
この CO が鉄の酸化物と反応して鉄 Fe が得られる。鉄鉱石に含
まれる Fe_2O_3 の変化は，次のように表される。

$$Fe_2O_3 + 3\,CO \longrightarrow 2\,Fe + 3\,CO_2$$

　　この化学反応式において，鉄原子の酸化数は　2　から
　3　に変化している。一方，炭素原子の酸化数は　4　から
　5　に変化している。そのため，Fe_2O_3 は　6　としてはたら
き，CO は　7　としてはたらいている。

　　これに関する次の問い（**a・b**）に答えよ。

a　文中の空欄　2　〜　7　に当てはまる数値や語句を，そ
れぞれの解答群のうちから一つずつ選べ。ただし，同じものを
繰り返し選んでもよい。

　　　2　〜　5　の解答群

①　0　　　　②　＋2　　　③　＋3　　　④　＋4

⑤　−1　　　⑥　−2　　　⑦　−3　　　⑧　−4

　　　6　と　7　の解答群

①　酸化剤　　　②　還元剤

― 63 ―

b　112 kgの鉄 Fe を得るためには，Fe_2O_3の含有率(質量パーセント)が64%の鉄鉱石は何 kg必要か。最も適当な数値を，次の①〜⑤のうちから一つ選べ。ただし，鉄鉱石中の Fe はすべて Fe_2O_3として存在するものとする。また，原子量は O ＝ 16，Fe＝56とする。　8　kg

①　50.0　　②　222　　③　250　　④　500　　⑤　889

問2　銅とアルミニウムの製造に関する次の記述①〜④のうちから**誤りを含むもの**を一つ選べ。　9

①　黄銅鉱などの鉱石を処理して得られる粗銅を電気分解して，純度99.99%以上の銅を製造している。

②　ボーキサイトを精製すると，高純度の酸化アルミニウムが得られる。

③　アルミニウムイオンを含む水溶液を電気分解すると，アルミニウムの単体が得られる。

④　アルミニウムを製造するときに必要なエネルギーは，鉱石から製造する場合に比べて再生利用(リサイクル)する方が，極めて小さいエネルギーで済む。

マーク式
基礎問題集
化学基礎
解答・解説編

三訂版

河合出版

第1章　物質の成分と状態

問題 **1**　純物質と混合物，同素体

解答

1	－④	2	－②	3	－⑤	4	－④	5	－②
6	－③	7	－④	8	－②	9	－③	10	－①
11	－①	12	－⑤	13	－⑤						

解説

問1

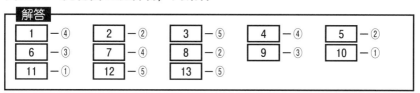

> **純物質**：1種類の物質だけからなり，単に物質という場合が多い。
>
> **混合物**：2種類以上の純物質(物質)が混じり合ったもの。
>
> **単体**：1種類の元素だけからなる物質。
>
> **化合物**：2種類以上の元素からなる物質。

①〜⑤に記載されたものを，単体，化合物，混合物に分類すると，

単体：オゾン O_3，赤リン P，ダイヤモンド C

化合物：二酸化炭素 CO_2，塩化ナトリウム NaCl，酢酸 CH_3COOH，水 H_2O

混合物：塩酸(塩化水素 HCl と水の混合物で，塩化水素酸を略したもの)，

アンモニア水(アンモニア NH_3 と水の混合物)，

石油(炭化水素などの混合物)

問2

> **同素体**：同一の元素からなる単体で，互いに性質の異なる物質。

試験に頻出の同素体を次に示す。

炭素の同素体

ダイヤモンド

正四面体形

黒鉛

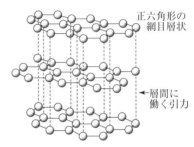

正六角形の
網目層状

←層間に
働く引力

フラーレン（C$_{60}$）

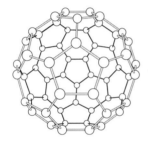

サッカーボール形の球状分子

リンの同素体

赤リン：多数のP原子からなる高分子の暗赤色の粉末，空気中で安定。

黄リン：P$_4$分子からなる黄色固体，空気中で自然発火するので水中に保存
する。

硫黄の同素体

単斜硫黄：S$_8$分子からなる淡黄色の針状の結晶。

斜方硫黄：S$_8$分子からなる黄色の粒状の結晶。

ゴム状硫黄：鎖状のS$_x$分子からなる暗褐色の無定形の固体。

環状のS$_8$分子

酸素の同素体

酸素O$_2$：空気中に約21％存在，植物の光合成により生成する。

オゾンO$_3$：有毒で，強い酸化力をもち，O$_2$に紫外線を照射すると生成する。
オゾン層は太陽からの有害な紫外線を遮蔽し，生物を保護する
役目をしている。

問3 混合物から純物質を分離する操作には，**ろ過**，**蒸留**，**再結晶**，**抽出**，**昇華法**，**クロマトグラフィー**などがある。

(1) 海水から純水を得るには，④のような装置を使って**蒸留**する方法を用いる。

(2) 砂の混ざったヨウ素から純粋なヨウ素を得るには，ヨウ素に昇華性があることを利用して，③の装置を使ってヨウ素を**昇華**させる方法を用いる。

(3) 硝酸カリウムは，温度が高いと水への溶解度が大きく，温度が低いと溶解度が小さい。このような物質から不純物を除くには，まず，塩化ナトリウムが混じった硝酸カリウムを，飽和になるまでお湯に溶解させる。このとき，硝酸カリウムは飽和になっているが，塩化ナトリウムは未飽和である。次に，この水溶液を冷却すると，硝酸カリウムのみが沈殿するので，この沈殿を**ろ過**により分離すれば，不純物を含まない硝酸カリウムが得られる。この方法を**再結晶**という。

(4) 水に分散している植物油をエーテルで**抽出**するには，①の**分液ろうと**を用いる。植物油は水に溶けないが，エーテルには溶ける。分液ろうとに水と植物油の混合物を入れ，さらにエーテルを加えてよく振ったのち，静かに放置しておくと，エーテル層が上層，水層が下層の2層に分かれる。分液ろうとのコックをひねって水層のみを流出させると，植物油を溶かしたエーテル層が分液ろうとに残る。

(5) ⑤のように，サインペンのインクを細長いろ紙の一端につけたのち，展開液にろ紙の端を浸して放置する。展開液はろ紙の上部まで浸透していき，インクの色素も移動する。インクの色素によってろ紙との吸着性に差があるため，色素により移動した距離が異なり，分離が可能となる。この分離方法を**クロマトグラフィー**という。

問題 2　元素と単体，成分元素の検出

解答

| 14 | － ② | | 15 | － ① |

解説

問 1

> **元素**：物質をつくっている原子の種類を表す。
> **単体**：1 種類の元素のみからできている物質を示す。

　各元素にはそれぞれ単体が存在するが，文章の前後関係から，元素を表しているのか，物質である単体を表しているのかを判断する。

① 水 H_2O は酸素元素と水素元素からなる 3 原子分子である。

② 空気の主成分は，78 %が窒素 N_2，21 %が酸素 O_2，1 %がアルゴン Ar である。なお，アルゴンのような貴ガスは単原子分子である。

③ 牛乳や小魚には，カルシウム元素を多く含む物質が含まれている。

④ 炭素元素には，3 種類の質量数が異なる同位体^{12}C，^{13}C，^{14}C の原子が存在し，そのうち^{14}C は放射線を放って他の原子に変化する放射性同位体であり，年代測定などに利用されている。

⑤ ヘリウム元素の原子量は 4.0 である。

問 2

> **CO_2 の検出反応**：水酸化カルシウム $Ca(OH)_2$ の水溶液である石灰水に CO_2 を通じると，$CaCO_3$ の沈殿が生じて白濁する。
> **炎色反応**：アルカリ金属元素，カルシウム Ca，ストロンチウム Sr，バリウム Ba，銅 Cu が示す。
> ・アルカリ金属元素 Li（リンゴは赤色），Na（梨は黄色），K（巨峰は赤紫色）
> ・Ca（柿は橙赤色），Sr（ストロベリーは赤色），Ba（バナナは黄緑色）
> ・Cu（青緑色）

　石灰水が白濁したことから，発生した気体は二酸化炭素 CO_2 であり，成分元素として C と O が考えられる。また，炎色反応が橙赤色であることから，Ca が含まれていることがわかる。

問題 3　物質の三態変化

┌ 解答 ┐

| 16 | – ⑤ | | 17 | – ④ |

解説

問1　①　正しい。分子間にはたらく力が強いほど，沸点は高くなる。

②，③　正しい。粒子が熱運動により広がっていく現象が拡散であり，熱運動は，温度が高くなると激しくなり，温度が下がると穏やかになる。したがって，温度を上げると拡散が速くなる。また，温度が−273℃に近づくと，粒子は熱運動をしなくなる。この温度を**絶対零度**といい，これより低い温度は存在しない。

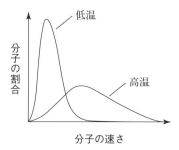

④　正しい。液体から気体に変化する現象を**蒸発**という。蒸発により生じた水分子は大気中に拡散していくため，ビーカー中の液体は徐々に減少する。

⑤　誤り。大気圧下，−20℃で氷が融けることはないが，氷から直接気体になる変化(昇華)は起こるので，冷凍庫の氷は減少する。

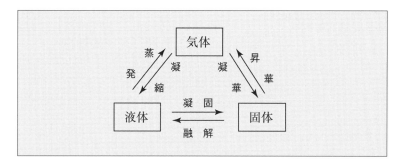

問2

> **沸騰**：液体の表面だけでなく，内部からも蒸発が起こる現象。

　圧力が一定のとき，純物質は決まった温度で融解や沸騰を起こす。このとき，物質がすべて状態変化するまで，温度は一定に保たれ，融解するときの温度を融点，沸騰するときの温度を**沸点**という。したがって，図中の温度が一定に保たれているときに，状態変化が起こっており，融解しているとき（図中のB）には固体と液体が，沸騰しているとき（図中のD）には液体と気体が共存している。

第2章　物質の構成粒子

問題 1　原子の構造，同位体

解答

1 — ⑤	2 — ③	3 — ④	4 — ①	5 — ②
6 — ③	7 — ⑥	8 — ⑥	9 — ⑥	10 — ⑥
11 — ⑦	12 — ⑥	13 — ④	14 — ⓪	15 — ④
16 — ②				

解説

問 1

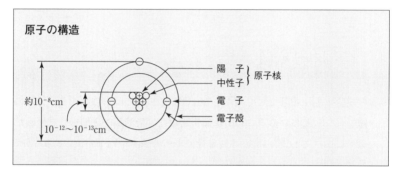

原子は**原子核**とそれをとりまく**電子**からできており，原子核は正の電荷をもつ**陽子**と電荷をもたない**中性子**とで構成されている（ただし，^{1}H には中性子はない）。

陽子 1 個がもつ正の電荷と電子 1 個がもつ負の電荷はその絶対値が等しい。原子全体は電気的に中性であり，原子核中の陽子の数と核外の電子の数は等しくなっている。原子核中の陽子の数を**原子番号**という。

原子全体の質量はほとんど原子核に集中している。これは電子の質量が陽子および中性子の質量の 1840 分の 1 にすぎないからである。原子核中の陽子の数と中性子の数の和を**質量数**という。

問2

それぞれの質量数，陽子の数，中性子の数は次のようになる。

		質量数	陽子の数	中性子の数
①	$^{3}_{1}H$	3	1	2
②	$^{10}_{5}B$	10	5	5
③	$^{18}_{8}O$	18	8	10
④	$^{19}_{9}F$	19	9	10
⑤	$^{23}_{11}Na$	23	11	12

したがって，解答は③となる。

問3　炭素の原子番号は6であり，これは原子核中の陽子の数および核外の電子の総数に一致している。この関係は質量数12の炭素原子と同様に質量数13の炭素原子においても成り立つ。「質量数＝陽子の数＋中性子の数」であるから，質量数12の炭素原子中および質量数13の炭素原子中の中性子の数は，それぞれ，12－6＝6および13－6＝7である。質量数12の炭素原子と質量数13の炭素原子のように，原子番号（陽子の数）は等しいが，中性子の数が異なるため質量数の異なる原子を互いに**同位体**という。大気にはごく微量ではあるが，**質量数14の**炭素原子^{14}C が存在する。^{14}C は原子核が不安定で，放射線を出して崩壊していくので，**放射性同位体**と呼ばれる。

　　^{14}C の崩壊は，原子核中の中性子が陽子に変化するときにβ線（電子線）を放出するβ壊変であり，中性子1個が減少し陽子1個が増加するので，原子の質量数は変わらず原子番号が1だけ増加する。そのため，β壊変により^{14}C は^{14}N に変化する。

α壊変：α線(陽子2個と中性子2個からなる^{4}He原子核)を放出するた
め，壊変後は元の原子より質量数は4減少し，原子番号は2減
少する。

β壊変：中性子1個が陽子1個に変化するため，壊変後の質量数は変わ
らず，原子番号が1増加する。

問4　最初の放射性同位体Aの数はN_0個であり，グラフより半減期は500年と読み
取れるので，Aの数は500年ごとに次のように変化する。

500年後：$\dfrac{N_0}{2}$個

1000年後：$\dfrac{1}{2} \times \dfrac{N_0}{2} = \dfrac{N_0}{2^2} = \dfrac{N_0}{4}$個

1500年後：$\dfrac{1}{2} \times \dfrac{N_0}{4} = \dfrac{N_0}{2^3} = \dfrac{N_0}{8}$個

2000年後：$\dfrac{1}{2} \times \dfrac{N_0}{8} = \dfrac{N_0}{2^4} = \dfrac{N_0}{16}$個

したがって，半減期が500年であるAのT年後の数は，次の式で与えられる。

T年後：$\left(\dfrac{1}{2}\right)^{\frac{T}{500}} N_0$個

遺跡等から発見される木片の年代測定に，^{14}Cが利用されている。^{14}Cは，
大気中の^{14}Nに宇宙線が衝突することにより生じ，大気中のCO_2に一定の割合
で存在する。大気中の^{14}Nと宇宙線の量が現在も古代も変わらないとすると，
大気中の^{14}Cの割合は年代によらず常に一定と考えられる。木片の材料である
樹木が生育している間は，光合成により大気中のCO_2を取り込んでいるので，
樹木中の^{14}Cの量は大気中の^{14}Cとほぼ同じ割合になっている。樹木が切り倒
されて木片となると，^{14}Cは取り込まれなくなり，木片中の^{14}Cは半減期にし
たがって減少していく。したがって，発見された木片中の^{14}Cの割合を測定す
ることにより，樹木が切り倒されてから木片が発見されるまでの時間の推定が
可能となる。ただし，大気中の^{14}Cの量は，1950年代以降の大気圏核実験によ
り増加し，近年の化石燃料の消費により減少するので，これらの影響を考慮す
る必要がある。

問題 2　周期表と元素の性質

解答

| 17 | － | ⓪ | | 18 | － | ② | | 19 | － | ⑤ | | 20 | － | ① | | 21 | － | ④ |

| 22 | － | ⑤ | | 23 | － | ③ | | 24 | － | ③ | | 25 | － | ④ |

解説

問1

> **イオン化エネルギー**：原子から電子1個を取り去って，1価の陽イオン
> にするために必要なエネルギー。
>
> イオン化エネルギーが小さい原子ほど，陽イオン
> になりやすい。
>
> アルカリ金属元素が小さく，He が最大となる。
>
> **電子親和力**：原子が電子1個を取り込んで，1価の陰イオンになるとき
> に放出されるエネルギー。
>
> 電子親和力が大きい原子ほど，陰イオンになりやすい。
>
> 同一周期ではハロゲンが最も大きくなる。

(1)　周期表の中で金属元素は左下に位置している。表中の**a**，**b**，**c**の領域の
元素がこれにあたる。

(2)　3族〜12族が遷移元素である。原子番号が増えても最外電子殻の電子の数
は2または1のままで，内殻または内々殻の電子の数が増える電子配置に
なっており，隣り合う元素の性質が互いに似かよっている。表中の**b**の領域
の元素がこれにあたる。（ただし，12族元素は遷移元素に含める場合と含め
ない場合がある）

(3)　一般的に，周期表の左下に位置する原子ほどイオン化エネルギーが小さく，
右上に位置する原子ほどイオン化エネルギーが大きい。全元素のうちで最も
イオン化エネルギーが大きいのは18族第1周期の元素 He であり，表に示さ
れている範囲で最もイオン化エネルギーが小さいのは，1族第4周期の元素
K である。

(4)　電子親和力は，同一周期の中で17族元素(ハロゲン)が最も大きくなる。

問2

> **電気陰性度**：結合に関与する電子を引きよせる強さを表したもの。
>   F が最も大きい。
>
> **同族元素**：周期表の同じ族に属する元素。価電子の数が同じなので，性
>   質が類似している場合が多い。特に性質が似ているため，特
>   別な名称で呼ばれているものには，次のものがある。
>   アルカリ金属元素　H を除く 1 族元素
>   アルカリ土類金属元素　2 族元素
>   ハロゲン　17族元素
>   貴ガス　18族元素

a　電気陰性度は，周期表において貴ガスを除く右上にある元素ほど大きくな
る。したがって，⑤F ＞ H ＞ Na となる。すべての元素の中で，F の電気陰
性度が最も大きい。また，貴ガスは結合をほとんどしないので，電気陰性度
は考慮しない。

b　① H（ 1 族）と He（18族），　② Mg（ 2 族）と Na（ 1 族），
　③ C（14族）と Si（14族），　④ Cl（17族）と S（16族），
　⑤ O（16族）と N（15族），　⑥ Fe（ 8 族）と Al（13族）

問3　①　誤り。周期表における金属元素と非金属元素および典型元素と遷移元素
の領域を次に示す。典型元素は金属元素と非金属元素の両方からなる。

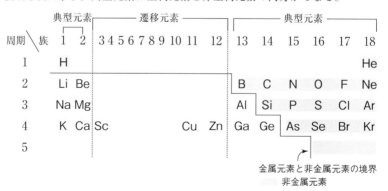

― 11 ―

周期表の左下側が金属元素，右上側が非金属元素となり，境界は階段状になっている。また，1，2，13～18族が典型元素，3～12族が遷移元素であり，遷移元素は第4周期から現れる。

② 誤り。17族の元素であるハロゲンの最外殻電子の数は7であるため，1価の陰イオンになりやすい。

③ 正しい。遷移元素は，原子番号が増加しても最外電子殻より内側の電子殻に電子が収容されるため，最外殻電子の数は1または2のままとなり，化学的性質はあまり変化しない。

④ 誤り。メンデレーエフは，当時知られていた元素を原子量の順に並べた周期表を作成し，未知の元素を予測した。現在の周期表は，原子番号の順に並べられている。

⑤ 誤り。多くの元素には同位体が存在するため，質量数が異なっても原子番号が等しい原子すなわち周期表上で同じ位置を占める原子が存在する。

問4　選択肢①～⑤の周期性がどのようになるかを，第1周期から第3周期の典型元素(H～Ar)について考えてみよう。

① イオン化エネルギー

最外電子殻から電子1個を取って1価の陽イオンにするために必要なエネルギーである。同一周期の元素では，最外電子殻が同じになるので，原子番号が増加(陽子の数が増加)するとともに核電荷が大きくなるため，電子を取り去り難くなり，イオン化エネルギーは大きくなる傾向がある。また，同族元素では，原子番号が増加するとともに最外電子殻は原子核から遠ざかるので，電子を取り去りやすくなり，イオン化エネルギーは小さくなる。したがって，図1のようなグラフになる。

② 価電子の数

価電子の数は，貴ガス原子は0，貴ガス以外の原子では最外殻電子の数すなわち周期表の族の番号の一の位に等しくなる。したがって，図2のようなグラフになる。

③ 最外殻電子の数

貴ガス原子では，Heが2，He以外はすべて8となる。貴ガス原子以外の原子では，周期表の族の番号の一の位に等しくなる。したがって，図3のよ

うなグラフになる。

④　原子半径

　　原子核から最外電子殻までの大きさと考えてよい。貴ガスを除く同一周期の元素では，原子番号が増加するとともに陽子の数が増加して，原子核に最外電子殻の電子がより強く引き付けられるので，原子半径は小さくなる。同族元素では，原子番号が増加するとともに最外電子殻は原子核から遠ざかるので，原子半径は大きくなる。したがって，問題文に示されたグラフになる。

⑤　単体の融点

　　単体の結晶を構成している化学結合の強さが，融点に大きく関係している。一般的に，化学結合の強さは，共有結合＞金属結合＞分子間力である。そのため，共有結合からなる結晶であるダイヤモンド C やケイ素 Si の融点が高くなり，分子からなる結晶より金属結晶のほうが融点は高くなる。したがって，図 4 のようなグラフになる。

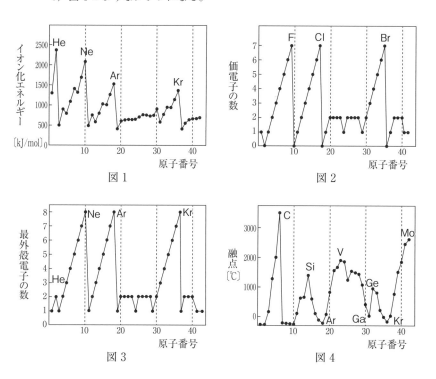

図 1

図 2

図 3

図 4

— 13 —

問題 **3** 電子配置

解答

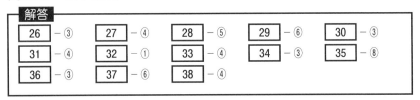

解説

問1

> **最大収容電子数**：原子核に近い電子殻から順に $n = 1, 2, 3, \cdots$ とすると、各電子殻に入りうる電子の数は $2n^2$ となる。
>
> **価電子**：貴ガスを除くと、最外殻電子が価電子となり、最外殻電子の数 ＝価電子の数 となる。

　最大収容電子数は、K殻が2、L殻が8、M殻が18、…となる。K殻，L殻に電子が収容される場合、電子は原子核から近い電子殻から順に埋まっていくが、M殻からは最外殻電子の数が8になると、その外側の電子殻であるN殻に電子が2個収容されてから、内側のM殻に電子が収容されることになる。この内側に電子が収容されていく過程の元素を**遷移元素**といい、周期表の第4周期から現れる。したがって、最外殻電子の数は8を超えることはない。

問2

a　原子番号1～20はすべて典型元素であるので、原子番号が増加するとともに、原子核に近い電子殻から順に電子が収容され、最外殻電子の数が増加する。また、電子の数の総和が原子番号になることから、O原子の電子の総数は8、K原子の電子の総数は19となる。

b　1価の陽イオンは、電子1個を放出して原子番号10のNe原子と同じ電子配置になっていることから、Ne原子の電子の数より1個多い、原子番号11のNa原子である。

　　2価の陰イオンは、電子2個を受け取って原子番号18のAr原子と同じ電子配置になっていることから、Ar原子の電子の数より2個少ない、原子番号16のS原子である。

c ①〜⑤のイオンおよび原子の電子配置は次のようになっている。

	① Ca^{2+}	② Cl^{-}	③ Na	④ Al^{3+}	⑤ Si
K殻	2	2	2	2	2
L殻	8	8	8	8	8
M殻	8	8	1	−	4
N殻	−	−	−	−	−

問題4 イオンと電解質

解答

| 39 | – ④ | 40 | – ② | 41 | – ④ |

解説

問1

> **イオンや原子の大きさ**：原子核から最外電子殻までの距離を表す。最外
> 電子殻が同じならば，原子番号すなわち陽子の
> 数が大きいほど，半径は小さくなる。

　第3周期の元素が，陽イオンになると Ne と同じ電子配置になり，陰イオン
になると Ar と同じ電子配置になるので，陽イオンより陰イオンの方がイオン
半径は大きい。また，S^{2-} と Cl^- は同じ電子配置になるが，陽子の数が多い
Cl^- の方が，最外電子殻の電子を原子核により強く引きつけるので，Cl^- の方
が S^{2-} よりイオン半径は小さくなる。したがって，S^{2-} のイオン半径が最も大
きい。なお，Na^+，Mg^{2+}，Al^{3+} は Ne と同じ電子配置になるが，原子番号が最
も大きい Al^{3+} のイオン半径が最も小さい。

問2　水に溶解すると，次のように電離する。

① 　$MgSO_4 \longrightarrow Mg^{2+} + SO_4^{2-}$
　　　陽イオンは Mg の単原子イオン（マグネシウムイオン），陰イオンは S 原子
　　と O 原子からなる多原子イオン（硫酸イオン）である。

② 　$NH_4NO_3 \longrightarrow NH_4^+ + NO_3^-$
　　　陽イオンは N 原子と H 原子からなる多原子イオン（アンモニウムイオン），
　　陰イオンは N 原子と O 原子からなる多原子イオン（硝酸イオン）である。

③ 　$Na_3PO_4 \longrightarrow 3\,Na^+ + PO_4^{3-}$
　　　陽イオンは Na の単原子イオン（ナトリウムイオン），陰イオンは P 原子と
　　O 原子からなる多原子イオン（リン酸イオン）である。

④ 　$NH_4Cl \longrightarrow NH_4^+ + Cl^-$
　　　陽イオンは②と同じ多原子イオン，陰イオンは Cl の単原子イオン（塩化物
　　イオン）である。

⑤ KOH ⟶ K⁺ + OH⁻

陽イオンは K の単原子イオン(カリウムイオン)，陰イオンは O 原子と H
原子からなる多原子イオン(水酸化物イオン)である。

問3 水に溶かしたときに，イオンに分かれるものを**電解質**，イオンに分かれない
ものを**非電解質**という。電解質の水溶液には多くのイオンが存在し，イオンが
移動することにより電気を通す。

電解質：イオン結合からなる物質および酸，塩基が該当する。

イオン結合からなる物質は，塩化ナトリウム NaCl と硫酸アンモニウム
$(NH_4)_2SO_4$ である。

NaCl ⟶ Na⁺ + Cl⁻

$(NH_4)_2SO_4$ ⟶ 2 NH₄⁺ + SO₄²⁻

スクロースとエタノールは水によく溶けるが，非電解質である。

第3章　化学結合と分子

問題 1　化学結合

解答

| 1 | - ① | | 2 | - ⑥ | | 3 | - ④ | | 4 | - ⑦ | | 5 | - ⑤ |

解説

問1

> **共有結合**：非金属元素の原子間で形成。
>
> **金属結合**：金属元素の原子間で形成。
>
> **イオン結合**：金属元素と非金属元素の原子間および NH_4^+ の化合物で形成。

① 誤り。N の価電子数は 5 であるので，二原子分子である N_2 分子では，各 N 原子は 3 個ずつ電子を出し合って電子 6 個を共有（共有電子対は 3 対）することにより，最外殻電子の数が 8 個となる。

　C 原子の価電子数は 4，O 原子の価電子数は 6 であるので，三原子分子である CO_2 では，1 個の C 原子は 2 個の O 原子とそれぞれ 2 個ずつ電子を出し合って 8 個の電子を共有（共有電子対は 4 対）することにより，C 原子と O 原子の最外殻電子の数はそれぞれ 8 個となる。

　H 原子の価電子数は 1，O 原子の価電子数は 6 であるので，三原子分子である H_2O 分子では，1 個の O 原子は 2 個の H 原子とそれぞれ 1 個ずつ電子を出し合って 4 個の電子を共有（共有電子対は 2 対）することにより，H 原子の最外殻電子の数は 2 個，O 原子の最外殻電子の数は 8 個となる。

　したがって，N_2 は三重結合，CO_2 は二重結合をもつが，H_2O は単結合のみからなる。

分子式	N_2	CO_2	H_2O
電子式	$:N⦂⦂N:$	$:\overset{\cdot\cdot}{O}::C::\overset{\cdot\cdot}{O}:$	$H:\overset{\cdot\cdot}{\underset{\cdot\cdot}{O}}:H$
構造式	$N≡N$	$O=C=O$	$H-O-H$

② 正しい。C 原子の価電子数は 4 であるので，ダイヤモンドの結晶では，1 つの C 原子は 4 個の C 原子とそれぞれ電子 2 個を共有することにより，各

C 原子の最外殻電子の数は 8 となる。

③　正しい。鉄のような金属原子のイオン化エネルギーは小さいので，価電子を放出しやすい。鉄の結晶では，鉄原子の最外殻が重なり合い，放出された価電子が自由に動くことで，鉄原子を互いに結びつけている。このような結合を**金属結合**という。

④　正しい。NH_4^+ を除いて，非金属元素の原子どうしの結合は，共有結合になる。このとき，ほとんどの物質は分子を形成するが，C の単体であるダイヤモンド，Si の単体であるケイ素，二酸化ケイ素 SiO_2，炭化ケイ素 SiC などは分子を形成しない。したがって，共有結合により I_2 分子を形成し，分子間の引力により結晶がつくられている。

⑤　正しい。金属元素と非金属元素の原子間の結合は，イオン結合となる。Na 原子は，価電子 1 個を放出して安定な Na^+ に，Cl 原子は電子 1 個を受け取って安定な Cl^- になり，2 つのイオン間にはたらく電気的な引力（クーロン力）により NaCl の結晶が形成される。

問2　組成式中の陽イオンと陰イオンの電荷の総和は 0 になる。最外殻電子の数は Mg が 2，Cl が 7 であるので Mg^{2+} と Cl^- より $MgCl_2$，最外殻電子の数は Ca が 2，O が 6 であるので Ca^{2+} と O^{2-} より CaO，最外殻電子の数は Al が 3，Cl が 7 であるので Al^{3+} と Cl^- より $AlCl_3$，最外殻電子の数は Al が 3，O が 6 であるので Al^{3+} と O^{2-} より Al_2O_3 となる。

問題 2　共有結合と分子

解答

| 6 |－①　| 7 |－⑥　| 8 |－③　| 9 |－④　| 10 |－②

解説

問 1

> **配位結合**：一方の原子から提供された非共有電子対を共有することにより生じる結合で，形成されれば共有結合と区別できない。
>
> **錯イオン**：非共有電子対をもつ分子やイオン（これらを配位子という）が金属イオンと配位結合を形成して生じるイオン。

①　誤り。酸を水に溶解すると，酸から放出された H^+ は H_2O が受け取り，配位結合によりオキソニウムイオン H_3O^+ に変化する。

$$H^+ + H_2O \longrightarrow H_3O^+$$

$$H^+ + H : \overset{\cdot\cdot}{\underset{\cdot\cdot}{O}} : H \longrightarrow \left[H : \overset{\cdot\cdot}{O} : H \atop H \right]^+$$

結合が形成されれば，H_3O^+ の 3 つの $O-H$ の結合エネルギーは同じで，区別することはできない。

②　正しい。NH_3 を配位子として錯イオンを形成することができる金属イオンには，Ag^+，Cu^{2+}，Zn^{2+} などがある。

③　正しい。H_2O 分子中において，電子を共有することにより，H 原子は He と同じ電子配置に，O 原子は Ne と同じ電子配置になっている。

④　正しい。H 原子と Cl 原子は非金属元素であるので，HCl は共有結合からなる分子である。

　　HCl は強酸であり，水に溶かすと次のように電離して H^+ を放出する。

$$HCl \longrightarrow H^+ + Cl^-$$

このように，共有結合からなる物質でも電離するもの（電解質）がある。

問2

> **結合の極性**：2原子間の共有結合における共有電子対のかたよりを表す。
> 電気陰性度の差が大きいほど大きくなり，異なる原子間の
> 結合には極性が生じるが，同じ原子間では極性は生じない。
>
> **分子の極性**：結合に極性が無ければ極性分子にならないが，結合に極性
> があっても，結合の極性が互いに打ち消し合えば極性分子
> にならない。

a ①〜⑥の分子の電子式を示す。

①
$$H \overset{..}{:} O \overset{..}{:} H$$

②
$$H \overset{..}{:} \overset{..}{Cl} \overset{..}{:}$$

③
$$H \overset{\displaystyle H}{:} N \overset{..}{:} H$$

④
$$H \overset{\displaystyle H}{\underset{\displaystyle H}{:} C :} H$$

⑤
$$: N :: N :$$

⑥
$$\overset{..}{:} O :: C :: \overset{..}{O} \overset{..}{:}$$

　　　　　　　　　　　　　　　　　　　　　　　：非共有電子対

b・c

① 極性分子：O−Hの結合に極性があり，分子の構造が折れ線形なので，
2つの結合の極性が互いに打ち消されない。

② 極性分子：H−Clの結合に極性があり，分子の構造が直線形である。

③ 極性分子：N−Hの結合に極性があり，分子の構造が三角錐形なので，
3つの結合の極性が互いに打ち消されない。

④ 無極性分子：C−Hの結合に極性があるが，分子の構造が正四面体形な
ので，4つの結合の極性が互いに打ち消される有機化合物である。

⑤ 無極性分子：N≡Nの結合には極性がなく，無機化合物である。

⑥ 無極性分子：C＝Oの結合には極性があるが，分子の構造が直線形なの
で，2組の結合の極性が互いに打ち消される無機化合物である。

問3　分子間にはたらく力の強さ

1. **結合の強さ**：水素結合＞極性分子間にはたらく引力＞ファンデルワールス力

　　　第2周期の15〜17族元素の水素化合物の沸点が異常に高くなるのは，分子間に水素結合が形成されるからである。→③正

　　　水素結合が存在しない場合には，次の関係に従う。

(1) 極性が同程度の分子(分子の構造が類似した分子)では，分子量が大きいほど強い。

　(i) 第2周期〜第5周期の14族元素の水素化合物の沸点。→①正

　(ii) 第3周期〜第5周期の15族元素の水素化合物の沸点。

　(iii) 第3周期〜第5周期の16族元素の水素化合物の沸点。→②誤

　(iv) 第3周期〜第5周期の17族元素の水素化合物の沸点。

(2) 分子量が同程度の分子では，分子の極性大きいほど強い。

　(i) 第3周期の14〜17族元素の水素化合物の沸点。→④正

　(ii) 第4周期の14〜17族元素の水素化合物の沸点。

　(iii) 第5周期の14〜17族元素の水素化合物の沸点。

2. **水素結合の強さ**

　　電気陰性度の大小関係は $F > O > N$ なので，形成される水素結合1個あたりの強さは，$HF > H_2O > NH_3$ となる。しかし，1分子あたりに形成される水素結合の最大数は，H_2O では2個，HF と NH_3 では1個であるので，第2周期における15〜17族元素の水素化合物の沸点の大小は，$H_2O > HF > NH_3$ となる。

問題 3　結晶の分類と性質

解答

| 11 | – ② | 12 | – ⑤ |

解説

問1

結晶の分類	構成粒子	構成粒子間の結合
分子結晶	分子	分子間力
イオン結晶	イオン	イオン結合
金属結晶	原子	金属結合
共有結合の結晶	原子	共有結合

　　分子結晶と共有結合の結晶の識別がポイントである。原子間の結合が共有結合の場合にのみ分子を形成するが，C の単体であるダイヤモンドと黒鉛，ケイ素 Si の単体，二酸化ケイ素 SiO_2，炭化ケイ素 SiC などのごく一部が，分子を形成しないので共有結合の結晶になる。

① 　Al は金属結晶，H_2 は分子結晶。

② 　He，CO_2 ともに分子結晶。なお，CO_2 の結晶がドライアイスである。

③ 　NaCl，$CuSO_4$ ともにイオン結晶。

④ 　SiO_2 は共有結合の結晶，I_2 は分子結晶。

⑤ 　Si は共有結合の結晶，H_2O は分子結晶。

問2

> **固体状態で電気を通すもの**：金属結晶と黒鉛
>
> **融点の大小**：共有結合の結晶＞金属結晶，イオン結晶＞分子結晶

a　**イ**はイオン結晶の硝酸カリウム KNO_3，**ア**，**ウ**は黒鉛 C または金属結晶のナトリウム Na である。

b　Na はイオン化傾向が大きいので，常温の水と反応して H_2 を発生する。したがって，**ア**が Na である。常温の水と反応して H_2 を発生する金属は，アルカリ金属元素とアルカリ土類金属元素である。

c　融点が最も高いことから，**ウ**は共有結合の結晶の黒鉛である。

第4章 物質量と化学変化

問題1 原子量と物質量

解答

1	- ③	2	- ③	3	- ③	4	- ⑥	5	- ③
6	- ②	7	- ③	8	- ④	9	- ③		

解説

問1

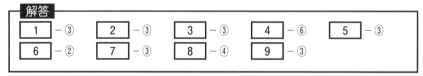

原子の相対質量：^{12}C 1個の質量を12とし，これを基準とした質量。
原子量：同位体の(相対質量×存在比)の総和。

原子1個の質量はきわめて小さい。例えば，質量数1の水素原子1個の質量は 1.674×10^{-24} g であり，このような小さな原子の質量をそのまま扱うことは不便である。そこで，**質量数12の炭素原子1個の質量(1.993×10^{-23} g)＝12**を基準とした相対質量が，現在用いられている。

この基準に従うと，^{1}H の水素原子の相対質量を x とすると，次のようにして求められる。

$$1.993 \times 10^{-23} : 1.674 \times 10^{-24} = 12 : x$$

$$x = 1.008$$

水素原子と炭素原子の同位体の相対質量とその存在比を示す。

同位体	相対質量	存在比(%)
^{1}H	1.008	99.985
^{2}H	2.014	0.015
^{12}C	12	98.90
^{13}C	13.003	1.10

自然界に同位体が存在する元素では，それぞれの同位体の相対質量と存在比から，その元素を構成する原子の相対質量の加重平均値を求めれば，これがその元素の原子量となる。

質量数35の塩素原子の存在率を x %とすれば，

$$35.5 = 35.0 \times \frac{x}{100} + 37.0 \times \frac{100 - x}{100} \quad \text{より，} \quad x = 75\%$$

問2

$$1\,mol\,\begin{cases} 個数 & アボガドロ定数：6.0\times10^{23}/mol \\ 質量 & モル質量：原子量〔g/mol〕,分子量〔g/mol〕,式量〔g/mol〕 \\ 体積 & 0\,℃,1.013\times10^5\,Pa における気体のモル体積：22.4 \\ & L/mol \end{cases}$$

アボガドロの法則：同温，同圧のもとで同じ体積を示す気体は，気体の
種類に関係なく，同数の分子を含む。

mol 単位で表した量を**物質量**という。1 mol に含まれている粒子の数を**アボ
ガドロ定数**，1 mol に含まれている粒子の質量を**モル質量**といい，原子量，分
子量，式量に g/mol の単位をつけて表される。また，アボガドロの法則より，
0 ℃，$1.013\times10^5\,Pa$ において気体 1 mol が占める体積は22.4 L となる。

a　メタン CH_4 のモル質量は16 g/mol なので，

$$16\times\frac{6.0\times10^{22}}{6.0\times10^{23}}=1.6\,g$$

b　0 ℃，$1.013\times10^5\,Pa$ における気体のモル体積は22.4 L/mol なので，

$$22.4\times\frac{6.0\times10^{22}}{6.0\times10^{23}}=2.24\,L$$

問3

ア　1 mol の硫酸アルミニウム $Al_2(SO_4)_3$ 中には 3 mol の硫酸イオン SO_4^{2-} が
含まれるから，

$$Al_2(SO_4)_3 の物質量：SO_4^{2-}の物質量 = 1：3 = a：\frac{9.0\times10^{23}}{6.0\times10^{23}} より，$$

$$a = 0.50\,mol$$

イ　H 原子のモル質量は1.0 g/mol，1 mol のアンモニア NH_3 中には 3 mol の H
原子が含まれるから，

$$NH_3 の物質量：H 原子の物質量 = 1：3 = b：\frac{2.0}{1.0} より，$$

$$b = 0.67\,mol$$

ウ　0 ℃，$1.013\times10^5\,Pa$ における気体のモル体積は22.4 L/mol であり，アルゴ

ンは単原子分子であるので，

$$c = \frac{5.6}{22.4} = 0.25 \text{ mol}$$

したがって，$b > a > c$ となる。

問4　分子を形成する物質は分子式，分子を形成しない物質は組成式で表す。

> **組成式**：陽イオンの価数×陽イオンの数＝陰イオンの価数×陰イオンの数

金属 M のイオンは 3 価の陽イオン，O のイオンは 2 価の陰イオンであるから，陽イオンの数を n，陰イオンの数を m とすると，

$3 \times n = 2 \times m$

$n : m = 2 : 3$

したがって，組成式は M_2O_3 となる。

組成式は，構成元素の個数比，すなわち構成元素の物質量の比を表している。

$M_2O_3 \, 1.40 \text{ g}$ $\begin{cases} \text{M 元素の質量} = 0.74 \text{ g} \\ \text{O 元素の質量} = 1.40 - 0.74 = 0.66 \text{ g} \end{cases}$

M の原子量を x とすると，

M 元素の物質量：O 元素の物質量 ＝ 2 : 3

$$\frac{0.74}{x} : \frac{0.66}{16} = 2 : 3$$

$$x = 27$$

問題 **2**　溶液の濃度，溶解度

解答

10 － ⑤　　11 － ④　　12 － ⑤　　13 － ①　　14 － ③

15 － ③

解説

問1

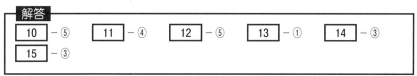

> **モル濃度(mol/L)**：溶液 1 L 中に溶けている溶質の物質量を表す。
>
> 溶液 V〔mL〕中に分子量 M の溶質が w〔g〕溶けて
> いる溶液のモル濃度は，
>
> $$モル濃度 = \frac{\dfrac{w}{M}〔mol〕}{\dfrac{V}{1000}〔L〕} = \frac{w}{M} \times \frac{1000}{V}〔mol/L〕$$
>
> **質量パーセント濃度(%)**：溶液100 g 中に溶けている溶質のグラム数を
> 表す。
>
> $$質量パーセント = \frac{溶質の質量}{溶液の質量} \times 100〔\%〕$$
>
> **密度**：単位体積当たりの質量〔g/cm^3〕$= \dfrac{質量}{体積} = \dfrac{W〔g〕}{V〔cm^3〕}$

a　水酸化ナトリウム NaOH のモル質量は40 g/mol であるから，

$$\frac{120}{40} \times \frac{1000}{500} = 6.0 \, mol/L$$

b　$質量パーセント = \dfrac{溶質の質量}{溶液の質量} \times 100 = \dfrac{120}{1.2 \times 500} \times 100 = 20 \, \%$

c　溶液を希釈する前と後で溶質の量は変わらないので，はかりとる溶液の体
　　積を V〔mL〕とすると，

V mL 中の溶質の物質量

$$\overbrace{\frac{120}{40} \times \frac{V}{500}} = \underbrace{3.0 \times \frac{100}{1000}}_{希釈後の溶液中の溶質の物質量} \quad より, \quad V = 50 \, mL$$

問2　溶液の問題は，溶液，溶質，溶媒の各質量に分けて考えるとよい。

　　a　求める硝酸カリウム KNO_3 の質量を x〔g〕とすると，60℃の飽和溶液の組
　　　成は，次のようになる

	溶解度曲線より	**a** の溶液より
溶質の質量	110 g	x〔g〕
溶媒の質量	100 g	$100 - x$〔g〕
溶液の質量	210 g	100 g

　　　同温度の飽和溶液においては，溶液の量にかかわらず，組成（濃度）は一定
　　であるから，

$$\frac{溶質の質量\ g}{溶液の質量\ g}：\frac{110}{210} = \frac{x}{100}\ より,\ x = 52.3\ g$$

　　b　溶解度曲線より，60℃の飽和溶液210 gを20℃に冷却すると，KNO_3 の析出
　　　量は $110 - 32 = 78$ g である。飽和溶液を冷却して結晶を析出させる場合，析
　　　出量は飽和溶液の量に比例するから，析出する結晶の量を y〔g〕とすると，

$$\frac{析出量\ g}{飽和溶液の質量\ g}：\frac{78}{210} = \frac{y}{100}\ より,\ y = 37.1\ g$$

問3

> **水和物の取り扱い：**
>
> $$(COOH)_2 \cdot 2H_2O \longrightarrow (COOH)_2 + 2H_2O$$
>
> | 物質量 | 1 mol | 1 mol | 2 mol |
> |---|---|---|---|
> | 質量 | 126 g | 90 g | 36 g |
>
> **水和物の物質量は溶質である無水物の物質量に等しいが，水和物の質**
> **量は溶質の質量と異なる。**

　　a　水和物中の水和水（結晶水）は，水に溶かすと溶媒となるため，無水物を溶
　　　質として取り扱う。
　　　必要な溶質 $(COOH)_2$ の物質量は，

$$0.100 \times \frac{250}{1000} = 2.50 \times 10^{-2}\ mol$$

したがって，水和物 $(COOH)_2 \cdot 2H_2O$ の物質量も 2.50×10^{-2} mol 必要だから，

$$126 \times 2.50 \times 10^{-2} = 3.15 \text{ g}$$

b　0.100 mol/L の水溶液を250 mL 調製したいのであるから，次のように行う。

(1)　シュウ酸二水和物の結晶を3.15 g 正確に電子天秤ではかりとる。

(2)　ビーカーに移して，結晶を水に溶かす。

(3)　ビーカーの水溶液を，250 mL のメスフラスコに完全に移す。

(4)　さらにメスフラスコに水を加えて全量を正確に250 mL とする。

(5)　メスフラスコをよく振って，均一な水溶液にする。

問題 **3**　化学反応式

解答

| 16 | – ① | 17 | – ① | 18 | – ③ | 19 | – ④ | 20 | – ④ |

解説

> **質量保存の法則**：化学反応が起こる前と起こった後の物質の総質量は変わらない。
>
> **化学反応式の係数**：左辺の係数は反応してなくなった物質の物質量の比を，右辺の係数は反応により生成した物質の物質量の比を表す。
>
> **バランスシートの作成**：化学反応式を書いて，各物質の反応前の物質量，変化した物質量，反応後の物質量をそれぞれ追いかけていく。

問 1

a　塩酸は塩化水素(HCl)の水溶液であり，マグネシウムと塩酸は次のように反応する。

$$Mg + 2\,HCl \longrightarrow MgCl_2 + H_2$$

したがって，反応により発生した水素の分だけ，質量が減少する。

反応前の総質量 $= 1.60 + 50.00$

$= 51.60\ g$

反応後の溶液の総質量 $= 51.47\ g$

発生した水素の質量 $= 51.60 - 51.47 = 0.13\ g$

b　化学反応式の係数より，

反応した Mg の物質量 $=$ 発生した H_2 の物質量

Mg の原子量を x とすると，Mg のモル質量は x〔g/mol〕となるので，

$$\frac{1.60}{x} = \frac{0.13}{2}$$

$$x = 24.6$$

問2　化学反応式の係数は，反応前に存在している反応物質の物質量の比や反応後に存在している物質の物質量の比を表しているのではなく，反応した物質の物質量と生成した物質の物質量の比，すなわち反応物質と生成物質の変化量(物質量)の比を表している。この反応のバランスシートは次のようになる。

	C_2H_6O	$+$	$3\,O_2$	$\longrightarrow$	$2\,CO_2$	$+$	$3\,H_2O$
反応前	$\dfrac{2.3}{46}$ $=0.05\,\text{mol}$		$\dfrac{11.2}{22.4}$ $=0.5\,\text{mol}$		$0\,\text{mol}$		$0\,\text{mol}$
変化量	$-0.05\,\text{mol}$		$-0.15\,\text{mol}$		$+0.10\,\text{mol}$		$+0.15\,\text{mol}$
反応後	$0\,\text{mol}$		$0.35\,\text{mol}$		$0.10\,\text{mol}$		$0.15\,\text{mol}$

a　反応により生成した水の質量は，

$18 \times 0.15 = 2.7\,\text{g}$

b　反応後に容器中に残っている酸素の体積は，0 ℃，$1.013 \times 10^5\,\text{Pa}$ で，

$22.4 \times 0.35 = 7.84\,\text{L}$

問3　Mg のモル質量は$24\,\text{g/mol}$であるから，

$$Mg\,の物質量 = \frac{2.4}{24} = 0.10\,\text{mol}$$

$$O_2\,の物質量 = \frac{V}{22.4}\,\text{mol}$$

したがって，すべての Mg を酸化するのに必要な O_2 体積は，

$$O_2\,の体積 = 0.10 \times \frac{1}{2} \times 22.4 = 1.12\,\text{L}$$

MgO のモル質量は$40\,\text{g/mol}$であるから，生じた MgO の最大質量〔g〕は，

$40 \times 0.10 = 4.0\,\text{g}$

したがって，グラフは④となる。

第 5 章 酸と塩基

問題 1 酸と塩基

解答

| 1 | - ④ | 2 | - ④ | 3 | - ⑤ | 4 | - ② | 5 | - ① |
| 6 | - ③ | 7 | - ① | 8 | - ⑥ |

解説

問 1

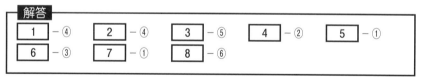

	アレニウスの定義	ブレンステッドの定義
酸	水溶液中で H^+ を出す物質	相手に H^+ を与える物質
塩基	水溶液中で OH^- を出す物質	相手から H^+ を受け取る物質

　酸・塩基に関する定義には，アレニウスの定義とブレンステッドの定義がある。アレニウスの定義は水溶液中でのみ成立するが，ブレンステッドの定義は水溶液以外でも成り立ち，アレニウスより拡張された酸・塩基の定義といえる。

　右向きの反応では，NH_3 は H_2O から H^+ を受け取り，NH_3 は NH_4^+ に変化し，H_2O は OH^- に変化しているから，NH_3 が塩基，H_2O が酸である。一方，左向きの反応では，NH_4^+ が OH^- に H^+ を与え，NH_4^+ は NH_3 に変化し，OH^- は H_2O に変化しているから，NH_4^+ が酸，OH^- が塩基である。このように，ブレンステッドの定義では，H_2O も酸や塩基になる。

問 2

> **知っておきたい酸と塩基**
> **強酸**：塩化水素 HCl（1 価），硝酸 HNO_3（1 価），硫酸 H_2SO_4（2 価）
> **弱酸**：酢酸 CH_3COOH（1 価），*シュウ酸 $(COOH)_2$（2 価），
> 　　　　炭酸 H_2CO_3（2 価）
> **強塩基**：アルカリ金属の水酸化物（1 価），水酸化カルシウム $Ca(OH)_2$（2 価），
> 　　　　　水酸化バリウム $Ba(OH)_2$（2 価）
> **弱塩基**：アンモニア NH_3（1 価）

＊　シュウ酸は $H_2C_2O_4$ とも記す。

酸，塩基の強弱は，0.1 mol/L 程度の水溶液における電離度により判断できる。電離度が1のものを強酸，強塩基，1より小さいものを弱酸，弱塩基という。酸，塩基の価数は強弱とは無関係である。

問3

電離度：溶かした物質の物質量や濃度のうち，電離によりなくなった物質の物質量や濃度の割合。

$$電離度\ \alpha = \frac{電離してなくなった物質の物質量（濃度）}{溶かした物質の物質量（濃度）}$$

1 mol の CH_3COOH が電離したら 1 mol の CH_3COO^- が生じる。

$$CH_3COOH \rightleftharpoons CH_3COO^- + H^+$$

CH_3COO^- の濃度が m〔mol/L〕であることから，c〔mol/L〕の酢酸のうち m〔mol/L〕だけの酢酸が電離したことになる。したがって，

$$\alpha = \frac{m}{c}$$

問4　電離してなくなった NH_3 の濃度を m〔mol/L〕とすると，

$\alpha = \dfrac{m}{c}$ より，$m = c\alpha$

よって，反応前後における各溶質粒子の濃度は次のようになる。

	NH_3	$+$	H_2O	$\rightleftharpoons$	NH_4^+	$+$	OH^-
反応前：	c		$-$		0		0
変化量：	$-c\alpha$		$-$		$+c\alpha$		$+c\alpha$
平衡状態：	$c(1-\alpha)$				$c\alpha$		$c\alpha$

問題 **2** 中和滴定

解答

9	– ⑥	10	– ①	11	– ④	12	– ②	13	– ②
14	– ①	15	– ⑤	16	– ⑤	17	– ②	18	– ①
19	– ③	20	– ①								

解説

問 1

a

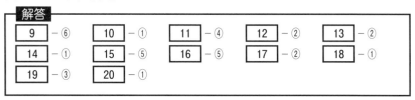

> **水溶液の調製**
> 1．結晶水（水和水）は，水溶液中では溶媒になる。
> 2．モル濃度の水溶液の調製は，物質を水に溶かしたのちメスフラスコに入れ，さらに水を加えて全量を一定にする。

$H_2C_2O_4$ の物質量 ＝ $H_2C_2O_4・2H_2O$ の物質量 ＝ $\dfrac{1.26}{126}$ ＝ 0.0100 mol

これだけの物質量の溶質が100 mL 中に存在しているので，モル濃度は次のようになる。

$$0.0100 \times \frac{1000}{100} = 0.100 \text{ mol/L}$$

b それぞれの実験器具の名称と洗浄法を次に示す。

X ＝ メスフラスコ：蒸留水で洗ったのち濡れたまま用いてよい。

Y ＝ ホールピペット：シュウ酸水溶液で数回洗ったのち濡れたまま用いる。

Z ＝ ビュレット：NaOH 水溶液で数回洗ったのち濡れたまま用いる。

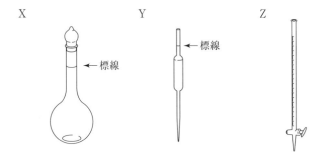

X   Y   Z

← 標線   ← 標線

c・d

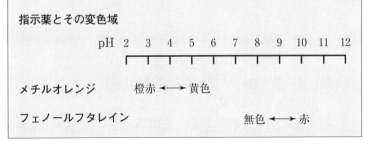

指示薬とその変色域

pH 2 3 4 5 6 7 8 9 10 11 12

メチルオレンジ　　　　橙赤 ←→ 黄色

フェノールフタレイン　　　　　　　　　無色 ←→ 赤

　弱酸(シュウ酸)と強塩基(NaOH)の滴定なので，中和点の pH は弱塩基性となる。したがって，指示薬はフェノールフタレインを用いる。シュウ酸に NaOH を滴下しているから，水溶液の色が無色から微赤色になった点を終点とする。

e

中和点における量的関係
　　酸が放出した H$^+$ の物質量＝塩基が放出した OH$^-$ の物質量
　すなわち，
　　(酸の物質量) × 酸の価数 ＝ (塩基の物質量) × 塩基の価数

　シュウ酸は 2 価の酸，NaOH は 1 価の塩基であるから，NaOH 水溶液の濃度を x〔mol/L〕とすると，

$$0.100 \times \frac{10.0}{1000} \times 2 = x \times \frac{18.0}{1000} \times 1$$

$$x = 0.111 \, \text{mol/L}$$

— 35 —

問2

中和点の水溶液

  1．強酸と強塩基の中和点は中性

  2．強酸と弱塩基の中和点は酸性

  3．弱酸と強塩基の中和点は塩基性

中和点までの滴下量

   酸，塩基の濃度，体積，価数に依存する。

　中和点の前後において，溶液の pH は急激に変化する。したがって，滴定曲線がほぼ垂直に立ち上がっている直線の中点が中和点と考えてよい。中和とは，酸と塩基が過不足なく反応し終わった点であり，溶液が中性になることではない。中和点の液性は，生成した塩の加水分解により決まる。すなわち，反応した酸，塩基の強弱で決まると考えてよい。

　また，中和点までの滴下量は，酸や塩基の濃度，体積および価数が関係し，酸や塩基の強弱すなわち電離度は無関係である。(a)～(c)の酸と塩基の濃度はすべて同じなので，価数のみを考えて，中和点までの滴下量を判断すればよい。

(a)　弱酸に強塩基を滴下したのだから，中和点は塩基性になる。また，価数はともに1価なので中和点までの滴下量は10 mL になる。したがって，⑤となる。

(b)　強酸に強塩基を滴下したのだから，中和点は中性になる。また，価数はともに1価なので中和点までの滴下量は10 mL になる。したがって，②となる。

(c)　強酸に強塩基を滴下したのだから，中和点は中性になる。また，塩基の価数は2，酸の価数は1なので，中和点までの塩基の滴下量は酸の体積の半分の5 mL となる。したがって，①となる。

問3　NaOH は 1 価の塩基，Ba(OH)$_2$ は 2 価の塩基，H$_2$SO$_4$ は 2 価の酸である。

NaOH のモル質量は40 g/mol，Ba(OH)$_2$ のモル質量は171 g/mol であるので，2.31 g 中の NaOH の質量を x [g] とすると，

$$\frac{x}{40} \times 1 + \frac{2.31 - x}{171} \times 2 = 1.00 \times \frac{17.5}{1000} \times 2$$

$$x = 0.60 \text{ g}$$

したがって，

$$\frac{0.60}{2.31} \times 100 = 25.9\%$$

問4

> 全体の量的関係を数直線で把握してから，濃度を求める方程式を立てる。

NH$_3$ は 1 価の塩基，H$_2$SO$_4$ は 2 価の酸，NaOH は 1 価の塩基である。NH$_3$ が中和した残りの H$_2$SO$_4$ を NaOH が中和している。

この量的関係を数直線で表すと，次のようになり，終局，H$_2$SO$_4$ を NH$_3$ と NaOH で中和したことになる。

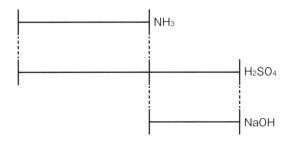

したがって，NH$_3$ の物質量を x [mol] とすると，

塩基が放出した OH$^-$ の物質量＝酸が放出した H$^+$ の物質量より，

$$x \times 1 + 0.050 \times \frac{20.0}{1000} \times 1 = 0.050 \times \frac{20.0}{1000} \times 2$$

$$x = 1.0 \times 10^{-3} \text{ mol}$$

問題 **3**　水素イオン濃度と pH

| 21 | – ③ | 22 | – ⑨ | 23 | – ④ | 24 | – ⑥ | 25 | – ⑧ |

| 26 | – ④ |

解説

---

pH と水素イオン濃度 [H⁺]

　　$[H^+] = 10^{-a}$ mol/L のとき，pH $= a$（pH $= -\log_{10}[H^+]$）

すなわち，

　　$[H^+] = 10^{-pH}$ mol/L

pH の計算には，濃度，価数，電離度が関係する。

---

(1)　2価の強酸なので，次のように電離する。

　　　$H_2SO_4 \longrightarrow 2H^+ + SO_4^{2-}$

　　　$[H^+] = 0.0050 \times 2 = 1.0 \times 10^{-2}$ mol/L　　　∴　pH $= 2.0$

(2)　1価の強塩基なので，次のように電離する。

　　　$NaOH \longrightarrow Na^+ + OH^-$

　　　$[OH^-] = 1.0 \times 10^{-2}$ mol/L

　　　表より，$[H^+] = 1.0 \times 10^{-12}$ mol/L　　　∴　pH $= 12$

(3)　酢酸は弱酸なので，次のように一部しか電離しない。

　　　$CH_3COOH \rightleftharpoons CH_3COO^- + H^+$

　　　$[H^+] = 0.10 \times 0.01 = 1.0 \times 10^{-3}$ mol/L　　　∴　pH $= 3.0$

(4)　希釈後の塩酸の濃度は，$0.010 \times 10^{-8} = 1.0 \times 10^{-10}$ mol/L である。

　　しかし，このように濃度が非常に低い場合には，水の電離による $[H^+]$ が無視できなくなる。水の電離によってもたらされた $[H^+]$ を x (mol/L) とすると，水溶液中における $[H^+]$ は次のようになる。

　　　$[H^+] = x + 1.0 \times 10^{-10}$

　　酸を水で希釈しても，$[H^+]$ が 1.0×10^{-7} mol/L 以下になることはなく，pH は 7 に近い酸性となる。すなわち，純水を無限に加えていくと，純水の pH に限りなく近づいていくだけで，決して塩基性になることはない。

(5) pH12の$[H^+] = 1.0 \times 10^{-12}$ mol/L なので，$[OH^-] = 1.0 \times 10^{-2}$ mol/L

すなわち，$[NaOH] = 1.0 \times 10^{-2}$ mol/L である。これを水で10倍に希釈したのだから，$[NaOH] = 1.0 \times 10^{-3}$ mol/L すなわち$[OH^-] = 1.0 \times 10^{-3}$ mol/L となり，$[H^+] = 1.0 \times 10^{-11}$ mol/L すなわち pH $= 11$ となる。

これを，$[H^+] = 1.0 \times 10^{-12}$ mol/L を10倍に希釈して，$[H^+] = 1.0 \times 10^{-13}$ mol/L すなわち pH $= 13$ としてはいけない。なぜならば，NaOH を10倍に希釈したのだから，NaOH の濃度が$\frac{1}{10}$となるからである。

(6) 混合溶液の pH の計算は，**混合後における溶液の体積を考慮する**ことを忘れないようにしよう。

HCl が出した H^+ の物質量 $= 0.010 \times \dfrac{25}{1000} = 2.5 \times 10^{-4}$ mol

NaOH が出した OH^- の物質量 $= 2.0 \times 10^{-3} \times \dfrac{75}{1000} = 1.5 \times 10^{-4}$ mol

反応しないで残っている H^+ の物質量 $= 2.5 \times 10^{-4} - 1.5 \times 10^{-4}$
$$= 1.0 \times 10^{-4} \text{ mol}$$

これだけの H^+ が溶液100 mL$(25 + 75 = 100)$中に残っているから，

$[H^+] = 1.0 \times 10^{-4} \times \dfrac{1000}{100} = 1.0 \times 10^{-3}$ mol/L

$\therefore$ pH $= 3.0$

問題 4 塩

解答

27 – ②   28 – ⑤   29 – ⑥   30 – ④

解説

問1

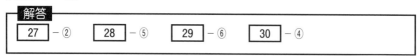

> **塩の水溶液**
> 1. 強酸と弱塩基の中和反応により生じた塩の水溶液は酸性となる。
> 2. 弱酸と強塩基の中和反応により生じた塩の水溶液は塩基性となる。
> 3. 強酸と強塩基の中和反応により生じた塩の水溶液は中性となるが,塩の化学式中に電離してくる可能性のある H 原子が残っている酸性塩の場合には酸性となる。

　どのような酸と塩基の中和反応により生じた塩かを判断するには，塩の化学式中の陽イオンのみを H で置き換えた場合には元の酸の化学式になり，陰イオンのみを OH で置き換えた場合には元の塩基の化学式になる。

(a) $NaHSO_4$ は，強酸である H_2SO_4 と強塩基である NaOH の中和反応により生じた塩と考えられるが，化学式中に H が残っている酸性塩であるので酸性となる。

(b) $NaHCO_3$ は，弱酸である H_2CO_3 と強塩基である NaOH の中和反応により生じた塩と考えられるので，塩基性である。

(c) NaCl は，強酸である HCl と強塩基である NaOH の中和反応により生じた塩と考えられるので，中性となる。

(d) CH_3COONa は，弱酸である CH_3COOH と強塩基である NaOH の中和反応により生じた塩と考えられるので，塩基性となる。

(e) NH_4Cl は，強酸である HCl と弱塩基である NH_3 の中和反応により生じた塩と考えられるので，酸性となる。

問2

塩が関与する中和反応

　1．弱酸の中和により生じた塩＋強酸 ──→

　　　　　　　　　　　　　　弱酸＋強酸の中和により生じた塩

　2．弱塩基の中和により生じた塩＋強塩基 ──→

　　　　　　　　　　　　　　弱塩基＋強塩基の中和により生じた塩

　　酢酸ナトリウム CH_3COONa は弱酸である酢酸 CH_3COOH と強塩基である水酸化ナトリウム $NaOH$ の中和により生じた塩であるので，強酸である塩酸 HCl を作用させると，弱酸である CH_3COOH が遊離し，強酸と強塩基の塩である塩化ナトリウム $NaCl$ が生じる。この反応と同じ反応は⑤である。⑤の炭酸ナトリウム Na_2CO_3 は，弱酸である炭酸 H_2CO_3 と強塩基である $NaOH$ の中和により生じた塩であるので，強酸である希硫酸 H_2SO_4 を作用させると，弱酸である H_2CO_3 が生じて CO_2 が遊離する。

① 　塩化アンモニウム NH_4Cl は弱塩基であるアンモニア NH_3 と強酸である HCl の中和により生じた塩であるので，強塩基の水酸化カルシウム $Ca(OH)_2$ を作用させると，弱塩基の NH_3 が遊離する。

② 　左辺の塩化バリウム $BaCl_2$ と硫酸ナトリウム Na_2SO_4 は塩であり，右辺の塩化ナトリウム $NaCl$ と硫酸バリウム $BaSO_4$ も塩である。この反応は，水に溶けにくい $BaSO_4$ の沈殿が生じる反応である。

③ 　銅 Cu は水素 H_2 よりイオン化傾向が小さいので，希硫酸や塩酸には溶解しないが，水素イオン H^+ より酸化力の強い硝酸 HNO_3 や濃硫酸には溶解する。Cu に HNO_3 を作用させると，希硝酸では一酸化窒素 NO が発生し，濃硝酸では二酸化窒素 NO_2 が発生して，Cu は溶解する。

④ 　強酸である H_2SO_4 と強塩基である $NaOH$ の中和反応である。

問3

a Na$_2$CO$_3$の二段階滴定は，教科書では発展学習として取り上げられているので，出題文中に記述されている内容を把握してから，解答していく必要がある。

Na$_2$CO$_3$は比較的強い塩基性を示すため，その水溶液はフェノールフタレインにより赤色を呈する。NaHCO$_3$は弱い塩基性を示すため，その水溶液はフェノールフタレインで微赤色から無色を呈し，メチルオレンジで黄色を呈する。塩酸で滴定を始めると，次の(1)の反応により，Na$_2$CO$_3$の水溶液からNaHCO$_3$の水溶液に変化するので，滴定する前にフェノールフタレインを加えておくと，赤色が消失して無色になる。その点を1つめの中和点とする。

$$Na_2CO_3 + HCl \longrightarrow NaHCO_3 + NaCl \tag{1}$$

次に，1つめの中和点でメチルオレンジを加えると，溶液は無色から黄色になる。さらに塩酸を滴下していくと，次の(2)の反応が起こり，生じた CO$_2$ によって2つめの中和点は弱酸性になる。そのため，溶液の色が黄色から赤色に変わる点が，2つめの中和点となる

$$NaHCO_3 + HCl \longrightarrow H_2O + CO_2 + NaCl \tag{2}$$

b (1)の反応から，滴定前に存在していた Na$_2$CO$_3$の物質量は，1つめの中和点までに滴下した HCl の物質量と等しく，また，生じた NaHCO$_3$の物質量とも等しいことがわかる。(2)の反応から，(1)の反応で生じた NaHCO$_3$の物質量は，1つめの中和点から2つめの中和点までに滴下した HCl の物質量と等しいことがわかる。すなわち，

Na$_2$CO$_3$の物質量 = V_1〔mL〕の HCl の物質量

= NaHCO$_3$の物質量

= $V_2 - V_1$〔mL〕の HCl の物質量

したがって，$V_1 = V_2 - V_1$ より $2V_1 = V_2$ となる。

第6章 酸化還元

問題 1 酸化と還元，酸化数

解答

| 1 | - ① | 2 | - ② | 3 | - ④ | 4 | - ③ | 5 | - ① |
| 6 | - ② | 7 | - ① | 8 | - ③ |

解説

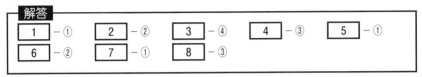

	電子の授受による定義	酸化数の変化
酸化	電子を失う変化	酸化数が増加
還元	電子を受け取る変化	酸化数が減少
酸化剤	相手を酸化し，自身は還元される物質	
還元剤	相手を還元し，自身は酸化される物質	

問1　次の反応において，Cu 原子の酸化数は $CuSO_4$ の + 2 から Cu の 0 に減少し
　　ているから，Cu 原子は還元を受けたことになる。すなわち，$CuSO_4$ は酸化剤
　　である。また，Zn 原子の酸化数は Zn の 0 から $ZnSO_4$ の + 2 に増加している
　　から，Zn 原子は酸化を受けたことになる。すなわち，Zn は還元剤である。

$$CuSO_4 + Zn \longrightarrow Cu + ZnSO_4$$

問2　物質中で，原子がどの程度，正または負に帯電しているかの目安となるのが，
　　酸化数である。イオン結合性の物質ではイオンの価数をそのまま酸化数とし，
　　共有結合性の物質では，陰性の大きい原子の方に共有電子対がすべて移ったと
　　して酸化数を計算する。例えば，$H_2O_2 \longrightarrow O_2$ の変化では，酸化数は次のよ
　　うになる。

$H-\overset{O}{\underset{}{}}-H$　：O 原子の方が H 原子より陰性が大きいので，O 原子は − 1 に，
　　　　　　　　H 原子は + 1 となる。

$O=O$　　：単体中では，両原子の陰性の差はないので，O 原子の酸化数は
　　　　　　　　0 になる。

しかし，構造式を書いて酸化数を計算していくと時間がかかるので，酸化数を計算するとき，次のように優先する原子の順序とその酸化数を決めておくとよい。

優先順位1：アルカリ金属を＋1，アルカリ土類金属を＋2とする。

優先順位2：水素原子を＋1とする。

優先順位3：酸素原子を－2とする。

H_2O_2：HとOでは，優先順位はHの方が高いので，Hに＋1を割りあてる。
分子全体では酸化数の和は0となるので，O原子の酸化数をxとすると，
$2 \times (+1) + 2x = 0$より，$x = -1$

$KMnO_4$：K，Mn，Oでは，優先順位はKが高いので，まずKに＋1を割りあてる。MnO_4^-の酸化数の和は－1となり，MnとOでは優先順位はOの方が高いので，Oに－2を割りあてる。Mnの酸化数をxとすると，
$x + 4 \times (-2) = -1$より，$x = +7$

問題中の①～⑥の酸化数の変化は，それぞれ次のようになっている。

① $H\underline{Cl}(-1) \longrightarrow H\underline{Cl}O(+1)$　② $H_2\underline{O}_2(-1) \longrightarrow \underline{O}_2(0)$

③ $H_2\underline{S}(-2) \longrightarrow H_2\underline{S}O_4(+6)$　④ $H\underline{N}O_3(+5) \longrightarrow \underline{N}H_3(-3)$

⑤ $\underline{C}H_4(-4) \longrightarrow \underline{C}O_2(+4)$　⑥ $K\underline{Mn}O_4(+7) \longrightarrow \underline{Mn}SO_4(+2)$

問3　③の反応において，酸化剤はH_2O_2であり，還元剤もH_2O_2である。
$2H_2\underline{O}_2 \longrightarrow 2H_2\underline{O} + \underline{O}_2$
　　　-1　　　　-2　　0・・・・・酸化数
③以外の反応は，酸化数が変化していないので，酸化還元反応ではない。

問題 2　酸化還元滴定

解答

| 9 | – ③ | | 10 | – ⑦ | | 11 | – ③ |

解説

酸化還元反応の作成法

(1) 酸化剤，還元剤を見破る。

(2) 酸化剤，還元剤の変化を，それぞれイオン式で書く。

(3) H，O 以外の原子の数を，係数により左右両辺で一致させる。

(4) 左右両辺の O 原子の数を，H_2O を入れて一致させる。

(5) 左右両辺の H 原子の数を，H^+ を入れて一致させる。

(6) 反応前の水溶液が酸性でなければ，左辺の H^+ に OH^- を加えて H_2O にする。このとき，右辺にも同じ数の OH^- を加える。

(7) 反応後の水溶液が酸性でなければ，右辺の H^+ に OH^- を加えて H_2O にする。このとき，左辺にも同じ数の OH^- を加える。

(8) 左右両辺の電荷が等しくなるように，左右両辺のどちらかに必要な数の電子 e^- を加える。

(9) e^- が消去できるように，2つのイオン反応式を1つに合成する。

(10) 左辺のイオン式を分子式や組成式で表し，そのために左辺に加えたイオンを右辺にも加える。

(11) 右辺の陽イオンと陰イオンをカップルにして，右辺のイオン式も分子式や組成式で表す。

(12) 分数係数の場合には，簡単な整数比になるように全体の式を整数倍する。

*(6)(7)は，考慮しなくてもよい。

酸化還元滴定の濃度計算

　　酸化剤が受け取った電子の物質量＝還元剤が放出した電子の物質量

酸化剤，還元剤のイオン反応式は次のようになる。

酸化剤：$MnO_4^- + 8H^+ + 5e^- \longrightarrow Mn^{2+} + 4H_2O$

還元剤：$H_2O_2 \longrightarrow O_2 + 2H^+ + 2e^-$

二つの式を合成して電子を消去すると，

$$2\,MnO_4^- + 5\,H_2O_2 + 6\,H^+ \longrightarrow 2\,Mn^{2+} + 8\,H_2O + 5\,O_2$$

　陰イオンには陽イオンを，陽イオンには陰イオンを加えて，分子式や組成式に変換すると，

$$2\,KMnO_4 + 5\,H_2O_2 + 3\,H_2SO_4 \longrightarrow 2\,MnSO_4 + 8\,H_2O + 5\,O_2 + K_2SO_4$$

a　(ア) MnO_4^- は赤紫色，(イ) $KMnO_4$ は酸化剤，(ウ) H_2O_2 は還元剤である。

b 　(エ) 5，(オ) 2 となる。

c 　電子のやり取りを過不足なく行っているから，次の関係式が成立する。

**　　酸化剤が受け取った電子の物質量＝還元剤が放出した電子の物質量**

　　1 mol の $KMnO_4$ は 5 mol の電子を受け取り， 1 mol の H_2O_2 は 2 mol の電子を放出するから，反応する $KMnO_4$ 水溶液の体積を x 〔mL〕とすると，

$$0.010 \times \frac{x}{1000} \times 5 = 0.050 \times \frac{20}{1000} \times 2$$

$$x = 40 \text{ mL}$$

　　MnO_4^- の水溶液は赤紫色，Mn^{2+} の水溶液は無色なので，H_2O_2 水に加えていった $KMnO_4$ 水溶液の赤紫色が消えなくなり，混合液の色が微赤色になったときを，過不足なく反応した点とする。

問題 3　金属の反応性

┌ 解答 ─────────────────────────
│　12 － ④　　13 － ①
└─────────────────────────────

解説

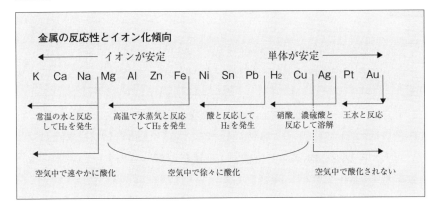

＊Pb は塩酸や硫酸には溶解しない。これは，Pb の表面に水に不溶な $PbCl_2$ や $PbSO_4$ の膜が形成され，内部を保護する状態になるためである。

問1　①〜③，⑥　正しい。上記のイオン化傾向から判断する。

　　④　誤り。Cu や Ag は H_2 よりイオン化傾向が小さいので，希硫酸には溶けないが，熱濃硫酸には溶解して二酸化硫黄 SO_2 を発生する。

　　　　なお，Cu や Ag が硝酸や濃硫酸と反応したときには，H_2 ではなく NO_2，NO，SO_2 が発生することに注意しよう。

　　⑤　正しい。Al や Fe は H_2 よりイオン化傾向が大きいので，酸と反応して H_2 を発生するが，濃硝酸のような酸化力の強い酸とはほとんど反応しない。これは，表面に酸化物の膜を形成して安定な状態（不動態）になるからである。

問2　亜鉛イオンとは反応しないが，銅（Ⅱ）イオンと反応して銅を析出することから，イオン化傾向が亜鉛より小さく銅より大きい Fe であることがわかる。

　　　　$Fe + Cu^{2+} \longrightarrow Fe^{2+} + Cu$

　　このように，イオン化傾向の大きい金属ほど強い還元剤，イオン化傾向の小さい金属のイオンほど強い酸化剤となる。

― 47 ―

問題 4　酸化還元反応の利用

解答

| 14 | － ⑤ | 15 | － ④ | 16 | － ③ | 17 | － ⑧ | 18 | － ② |
| 19 | － ④ | 20 | － ⑧ | 21 | － ① |

解説

問1

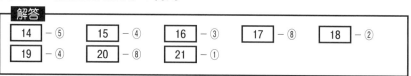

> **負極**：外部回路に電子を放出する変化が起こる場所
> **正極**：外部回路から電子を受け取る変化が起こる場所

　自然に起こる酸化還元反応の原動力(化学エネルギー)を電気エネルギーに変換する装置が電池である。電池においては，電子を放出する変化(酸化反応)と電子を受け取る変化(還元反応)が別々の場所で起こっており，それぞれの場所を負極と正極という。

　H原子の酸化数は，0から＋1に増加しているので，H_2 は電子を放出しており，この反応は負極で起こっていることが推定できる。

問2　イオン化傾向は Cu より Zn のほうが大きいので，二つの金属板を導線で連結すると，亜鉛板が電子を放出して Zn^{2+} となって溶液中に溶解する。放出された電子は導線を通って銅板に達し，溶液中の Cu^{2+} が電子を受け取って銅板の表面に Cu が析出する。電子が流れ出す酸化反応が起こる電極が負極，電子が流れ込んで還元反応が起こる電極が正極である。したがって，亜鉛板が負極，銅板が正極となり，放電中はそれぞれ次の反応が起こっている。

　　　　負極：$Zn \longrightarrow Zn^{2+} + 2e^-$
　　　　正極：$Cu^{2+} + 2e^- \longrightarrow Cu$

a　導線中では電子が流れることにより，溶液中ではイオンが移動することにより，電流が流れている。負の電荷をもつ陰イオンの流れる方向は，負の電荷をもつ電子と同じ方向(この問題の装置では反時計回り)であり，正の電荷をもつ陽イオンの流れる方向は，陰イオンと逆向きとなる。すなわち，電子は導線中を亜鉛板から銅板へ，陰イオンの SO_4^{2-} は $CuSO_4$水溶液から $ZnSO_4$水溶液に，陽イオンの Zn^{2+} は $ZnSO_4$水溶液から $CuSO_4$水溶液に向

かって，それぞれ移動する。

b　負極となる亜鉛板では，亜鉛板が溶解するため，質量が減少する。正極の銅板では，銅が析出するため，質量が増加する。

問3

① 誤り。充電により繰り返し使うことのできる電池を二次電池といい，充電により繰り返し使うことのできない電池を一次電池という。二次電池の身近な例として，自動車のバッテリーとして用いられている鉛蓄電池がある。

② 正しい。食品は空気中の酸素により酸化されて，品質が低下する場合があるので，酸化されやすいビタミンＣを食品中に加えておくと，食品中の成分の酸化を防ぐことができる。

③ 正しい。アルミニウムの表面に人工的に酸化物の膜をつけたものをアルマイトといい，さびにくく安定なので，食器や建築材料などに用いられている。

④ 正しい。起こりにくい酸化還元反応を，電気エネルギーを用いて起こしているのが，電気分解である。

⑤ 正しい。次亜塩素酸ナトリウム $NaClO$ は酸化作用を持ち，塩素系の漂白剤や殺菌剤として用いられている。

第7章 身のまわりの化学

問題1 身のまわりにある物質

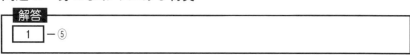

解答

1 ― ⑤

解説

問1

① 正しい。分子量がおよそ1万以上の化合物を高分子化合物という。高分子化合物は，一般的に，原料となる小さな分子の単量体(モノマー)が次々と共有結合でつながった重合体(ポリマー)からなる。

　ポリ袋や容器などに利用されている**ポリエチレン**は，エチレン分子 $CH_2 = CH_2$ の $C = C$ 結合が開いて別のエチレン分子と次々と結合をつくることで得られる。このように単量体の二重結合などが開いて次々と結合する反応を**付加重合**という。

　また，ペットボトルなどに利用されている**ポリエチレンテレフタラート**は，テレフタル酸とエチレングリコールが互いの分子間で水 H_2O 分子がとれながら次々と結合をつくることで得られる。このように単量体の分子間で簡単な分子がとれながら次々と結合する反応を**縮合重合**という。

② 正しい。ケイ素 Si の結晶は，ダイヤモンドと同様に正四面体を基本単位とする共有結合の結晶である。なお，ケイ素の単体は，半導体として太陽電池や集積回路(IC)などの電子部品に利用されている。

③ 正しい。セッケンは水になじみやすい部分(親水基)と水になじみにくい(油になじみやすい)部分(疎水基)をもつ。そのため，セッケンは水になじみにくい部分で油汚れを取り囲み，水になじみやすい部分を外側にして油汚れを水中に分散させる。このようにして，セッケンは衣類や食器などに付着した油汚れを取り除くことができる。

④ 正しい。ステンレス鋼は，鉄 Fe にクロム Cr やニッケル Ni などを加えた合金であり，さびにくいので台所用品や工具などに利用されている。

⑤ 誤り。塩化アンモニウム NH_4Cl は，NH_4^+ と Cl^- のイオン結合でできたイオン結晶である。塩化アンモニウムは塩安ともよばれ,窒素肥料に利用されている。

問題 2 金属の製練

解答

2	③	3	①	4	②	5	④	6	①
7	②	8	③	9	③				

解説

問1

a 原子の酸化数の計算方法は，**第6章 問題1 問2の解答・解説編**を参照してください。

Fe_2O_3：O原子の酸化数が-2であり，化合物の酸化数の総和は0となるので，Fe原子の酸化数をxとすると，

$$x \times 2 + (-2) \times 3 = 0 \qquad x = +3$$

Fe：単体に含まれる原子の酸化数は0である。

CO：O原子の酸化数が-2であり，化合物の酸化数の総和は0となるので，C原子の酸化数をyとすると，

$$y + (-2) = 0 \qquad y = +2$$

CO_2：O原子の酸化数が-2であり，化合物の酸化数の総和は0となるので，C原子の酸化数をzとすると，

$$z + (-2) \times 2 = 0 \qquad z = +4$$

したがって，Fe_2O_3中のFe原子の酸化数が減少しているので，Fe_2O_3は酸化剤としてはたらいている。また，CO中のC原子の酸化数が増加しているので，COは還元剤としてはたらいている。

b Fe_2O_3の含有率(質量パーセント)が64％の鉄鉱石をx〔kg〕とすると，この鉄鉱石に含まれるFe_2O_3の質量は，

$$x \times 10^3 \text{〔g〕} \times \frac{64}{100} = 640x \text{〔g〕}$$

$Fe_2O_3 = 160$より，鉄鉱石に含まれるFe_2O_3の物質量は，

$$\frac{640x\,[\,\mathrm{g}\,]}{160\ \mathrm{g/mol}} = 4.0x\,[\mathrm{mol}]$$

反応式の係数より，1 mol の Fe_2O_3 は 2 mol の Fe に変化するので，

$$4.0x\,[\mathrm{mol}] \times 2 \times 56\ \mathrm{g/mol} = 112 \times 10^3\ \mathrm{g} \qquad x = 250\ \mathrm{kg}$$

問 2

① 正しい。黄銅鉱などの鉱石を処理して得られる粗銅（純度約99%）には不純物が含まれる。そのため，粗銅を陽極，純銅を陰極に用いて硫酸銅（Ⅱ）$CuSO_4$ の水溶液を電気分解することにより，純度99.99%以上の銅を製造している。このように電気分解を利用して純度の高い金属を得る操作を**電解精錬**という。

② 正しい。Al の原料鉱石であるボーキサイト（主成分 $Al_2O_3 \cdot n\mathrm{H}_2\mathrm{O}$）の不純物を取り除いて精製すると，高純度の酸化アルミニウム Al_2O_3（アルミナ）が得られる。

③ 誤り。Al はイオン化傾向が大きいため，Al^{3+} を含む水溶液を電気分解すると水 H_2O が優先的に還元されてしまい，単体の Al は得られない。そのため，水を含まない状態で Al^{3+} を電気分解する必要がある。そこで融解した**氷晶石**にボーキサイトから精製した Al_2O_3（アルミナ）を溶解させ，この混合液を炭素電極で電気分解して Al の単体が製造されている。このように金属の塩や酸化物を加熱・融解させた状態で電気分解して，金属の単体を得る操作を**溶融塩電解**という。

④ 正しい。アルミニウムを鉱石から製造するとき，大量の電気エネルギーを必要とする。一方，いったん使用されたアルミニウム製品を回収し再生利用（リサイクル）すると，鉱石から製造するときの約3%以下の電気エネルギーで済む。